수학적으로 생각하는 법

KB124341

Introduction to Mathematical Thinking

by Keith Devlin

Copyright © Keith Devlin, 2012

All rights reserved.

This Korean edition was published by Oaklike Publishing Co. in 2015 by arrangement with Ted Weinstein Literary Management through KCC(Korea Copyright Center Inc.), Seoul.

이 책은 (주)한국저작권센터(KCC)를 통한 저작권자와의 독점계약으로 참나무를꿈꾸다에서 출간되었습니다. 저작권법에 의해 한국 내에서 보호를 받는 저작물이므로 무단전재와 복제를 금합니다.

수학적으로 생각하는 법

Introduction to Mathematical Thinking

고등학교 수학을 끝마친 예비 대학생,
대학에서 수학을 계속
공부해야 하는 이공대생,
합리적 사고력을 원하는 일반인을 위한
'생각의 틀'

키스 데블린 지음
–
정경훈 옮김

참나무를꿈꾸다

옮긴이의 말

수학자들은 수학이 무엇이며, 왜 하는지, 어떻게 해야 수학을 잘하는지와 같은 감을 가지고 있다. 그런데 이상하게도 그런 감을 많은 사람이 이해할 수 있게 잘 표현하는 수학자는 드물다. 아마 사람마다 경험이 다르고, 수학을 대하는 태도가 다르기 때문일 것이다. 나 또한 수학과 관련한 글을 쓰고 가끔 대중을 상대로 강연도 하지만 여전히 수학이 무엇인지 명쾌하게 답을 내리기 어렵다.

이 책의 저자 키스 데블린은 여러 권의 책을 썼고 국내에도 제법 많이 번역돼 있어 나름 독자층을 형성하고 있다. 나도 과거 서너 권 번역서를 접한 바 있으며, 몇 년 전에는 데블린의 책을 번역할 기회도 접한 적이 있다. 하지만 시장성이 없어 보였는지 결국 없던 일이 되고 말았다. 그런데 이번에 다시 기회가 찾아온 것을 보면 데블린과 인연이 있을 운명이었나 보다.

과거에 데블린이 쓴 책과 번역되지 못하고 묻힌 책들과 비교할 때 이 책은 상당히 종류가 다르다. 서문을 보면 (서문을 읽지 않으면 이 책을 읽을 이유가 없다) 알겠지만, 이 책은 원래 '전환 과정'의 교재로 출발했다는 점에서 벌써 차별성이 드러난다. 전환 과정이란 주로 계산이나 문제풀이 방법을 습득하는 고등학교 수학에서, 논리와 증명 중심의 대학 수학으로 전환할 때 적응하도록 돕는 과정이다. 따라서 이 책은 대학 1학년 신입생이나 고등학교 과정을 마친 이들이 읽기에 가장 좋다. 나아가 데블린은

이 책에서 기존하는 전환 과정의 교재가 지닌 한계를 극복한다는 목표로 더 많은 독자층을 겨냥해서 더 일반적인 얘기를 하고 있기 때문에 굳이 학년에 얽매일 필요는 없다. 그렇게 어려운 수학 얘기는 없으며, 중학생도 아는 수학 내용도 제법 나온다.

나는 이 책에서 말하는 '수학적 사고'에 많이 공감하면서도 뭔가 부족하다는 느낌이 들기도 한다. 어지간해서는 만족하지 못하는 나의 깐깐한 성향 탓도 있지만, 다른 이유도 있다. 저자는 언어를 정확히 표현하려고 상당히 많은 시간을 공들였다. 하지만 근본적으로 많은 예가 영어이다 보니 우리말과 맞지 않아 미묘한 차이를 완전히 담아내기는 어려웠다. 우리나라 교과과정과 외국의 교과과정이 다르다는 차이도 감안하여 읽어야 한다. 어떤 부분은 너무 쉬워서 빼고 싶기도 하였고, 어떤 부분은 다르게도 설명할 수 있겠다는 아쉬움도 든다.

하지만 이 책에는 이런 이유들을 상쇄할 만한 미덕이 있다. 수학자들이 알면서도 잘 집어내지 못하고, 잘 표현하지 못해 답답했던 것들을 상당 부분 잡아내고 있다는 점이다. 좀 더 고급 수준에서 수학적 사고를 고찰한 책들을 보면 철학적이거나 심리학적인 부분 등을 더 많이 강조하여 독자들이 쉽게 다가가기 어렵다. 그런 점에서 이 책만이 지닌 가치는 충분하다.

수학 분야는 전혀 생각하지 않았는데 우연히 이 책을 보고 마음이 바뀌었다며 간곡히 번역을 부탁한 이상영 실장에게 고마움을 표한다. 수학 분야의 책은 수식을 비롯해 외계어처럼 보이는 것을 다루어야 하므로 편집하기가 꽤 어렵다. 『기하학과 상상력』을 펴낼 때 편집을 담당했던 임인기 선생이 이번에도 인연이

닿아 이 책을 솜씨 있게 편집해 주었다. 또 한 번 감사한다.

얼마 전 모 대학에서 수학의 여러 분야와 응용을 소개해 달라는 요청을 받았다. 이 강의에 참여한 다른 교수들과 만날 기회가 있었는데, 이런저런 얘기를 하던 도중 이런 말을 들었다.

"키스 데블린이라는 분이 *Introduction to Mathematical Thinking*이라는 책을 썼는데 괜찮더군요. 아직 국내에는 번역이 안 된 것 같지만요."

옮긴이로서 이보다 더 뿌듯한 일은 없다.

그동안 내가 번역한 수학 책들은 대부분 깊이 있는 전문 서적이어서 가족들조차 읽지 못하는 경우가 많았다. 다행이 이번에 번역한 『수학적으로 생각하는 법』은 아내가 초벌 번역을 읽고 조언해 주었다. 이 자리를 빌려 고맙다는 말을 전합니다.

서문

고등학교 수학에서● 대학 수학으로 올라갈 때 많은 학생이 수준을 따라가지 못해 어려움을 겪는다. 고등학교 때 수학을 잘했어도 대부분은 12년 동안 절차를 숙달하는 데 중점을 두었기 때문에 대학 수학의 특징인 '수학적 사고'로 옮기려면 한동안 길을 잃고 헤매기 마련이다. 다수는 이런 전환에서 살아남지만, 다른 전공을 하러 (과학 이외의 것일 수도 있고, 수학에 의존하는 과목일 수도 있다) 수학을 떠나는 학생들도 많다. 대학에서는 이런 전환을 돕기 위해 입학생들에게 보통 '전환 과정'을 제공하기도 한다.

이 짧은 책은 그런 과정의 동반서가 되기 위해 썼지만, 전통적인 '전환용 교재'는 아니다. 이 책은 대학 과정을 시작하는 학생과 수학을 잘하는 상급 고등학생들에게 흔히 제공하는 수리논리, 형식적 증명, 집합론, 초등적 수론 및 실해석학의 단기 집중 훈련 대신 중요하지만 잘 잡히지 않는 능력인 수학적 사고에 도움을 주려고 시도하였다. 이는 절차를 응용하며 육중한 기호 조작을 수반하는 '수학하기'와는 다른 것이다. 수학적 사고란 이에 대비되는 것으로 세상에 있는 것들을 생각하는 특정한 방식을 가리킨다. 이런 식으로 사고하는 방법을 배울 때 수학의 특정 분야가 이상적인 맥락을 제공한다고 믿기 때문에 그런 영역에만 이목을 집중하겠지만, 수학적 사고는 전혀 수학에 대한 것이 아닐 수도 있다.

수학자, 과학자, 공학자 들은 '수학을 할' 필요가 있다. 하지

●이 책에서 고등학교 수학은 대학 이전에 배운 수학을 통칭한다 — 옮긴이.

만 21세기에 사는 모든 사람은 어느 정도 수학적 사고 능력의 혜택을 받았다. 수학적 사고는 양적인 추론뿐만 아니라 논리적이고 분석적인 사고를 포함하는 것인데, 모두 중요한 능력이다. 분석적 사고 기량을 늘리고 개선하길 원하거나 개선할 필요가 있는 사람이라면 누구나 쉽게 이 책에 다가갈 수 있도록 애쓴 것은 이 때문이다. 논리적이고 분석적인 사고의 기본을 파악하고 수학적 사고를 진정으로 숙달한 이들에게는 21세기 시민권자에게 주어지는 이점과 맞먹는 보상이 따를 것이다. 즉, 혼란스럽고, 좌절을 맛보고, 때로는 불가능해 보이던 수학이 의미를 갖추고 어렵기는 하지만 할 만하게 바뀌는 것이다.

나는 1970년대 후반 영국 랭커스터 대학교에서 당시 최초로 전환 과정을 개발했고, 또 1981년에는 최초로 전환 과정 교재인 『집합, 함수, 논리』를 출판했다.● 오늘날 이런 과정 수업을 할 때는 구조를 다르게 하여 '수학적 사고'에 더 넓게 초점을 맞추므로, 이에 따라 기존의 초창기 책과는 다른 책이 됐다.●● 더 익숙한 전환 과정 강좌와 교재가 필요하다는 것도 이해하지만, 요즘의 내 강좌나 이 책은 훨씬 넓은 청중에게 도움이 되길 추구한다. 특히, 이제는 형식적 수리 논리에는 시간을 투자하지 않는다. (애초 논리를 개발한 이유가 수학적 추론에 논리학이 유용한 모형을 제공하기 때문이지만, 실용적이고 논리적인 추론 기교를 발달시키는 데 더는 최선의 길이 아니라고 생각한다.) 이처럼 더 넓고,

---

●현재는 채프먼 홀, CRC 수학 시리즈의 하나로 『집합, 함수, 논리: 추상 수학 개론』 3판이 나왔다.

●●초창기 출판한 책과 이번에 새로 쓴 책 모두 내가 계발한 전환 과정 강의에서 나왔기 때문에, 두 책 사이에 겹치는 부분도 많다. 사실 내가 쓴 두 권의 책과 다른 저자들이 쓴 전환 과정 책도 겹치는 부분이 있지만 이 책은 초점과 목표 대상이 다르고 더 광범위하다.

사회적인 관점을 채택하면 이 강좌와 이 책이 대학 수학을 시작하는 학생들과 수학과 학생들이 고등학교 수학에서 성공적으로 전환하는 데 도움을 줄 뿐만 아니라 더 나은 추론 능력을 키우려는 사람들에게도 도움을 줄 거라고 믿는다.

어떤 까닭인지 전환 과정 교재는 상당히 비싸서 어떤 책은 100달러를 넘기도 하는데, 기껏 한 학기 사용하고 마는 책치고는 과하다. 이 책은 5주 내지 7주 동안 사용할 전환 과정 강좌용으로 고안한 것이다. 그렇기 때문에 저가형으로 자가 출판하기로 결심했다. 경험이 많은 전문 수학 교재 편집자 조슈아 D. 피셔가 출판에 앞서 원고 전체를 검토해 주었다. 이 책의 최종 모습은 상당 부분 그의 전문성 덕이며, 이를 대단히 감사하게 생각한다.

키스 데블린

스탠퍼드 대학교

2012년 7월

이 책은 어떤 책인가

독자들에게

내가 염두에 둔 독자는 두 부류다.

첫째, 고등학교 졸업생으로 대학에 진학하여 수학이나 수학을 많이 쓰는 주제를 전공하고 싶거나 전공할 사람들.

둘째, 누구든, 무슨 이유든 분석적 사고 능력을 계발하고 증진하고 싶어 하는 사람들이다.

어느 쪽이든 특정하고 아주 강력한 방식으로 생각하는 법을 배우도록 초점을 맞췄다.

이 책으로 수학적 절차는 배우지 못할 것이며, 응용할 필요도 전혀 없다! 마지막 장에서 수에 (초등 수론과 실해석학의 기본) 초점을 맞추긴 하지만, '전통적' 수학 주제는 아주 조금 다루었다. 마지막 장은 단지 이 책 전체에서 묘사할 분석적 사고 기술을 발달시키는 데 수학자들에게 도움이 된 훌륭한 예를 제공하자는 목적으로 쓴 것이다.

19세기를 지나는 동안 모든 시민에게 사회나 사업에서 점차 더 의미 있고 자기 주도적 역할을 할 자유와 기회가 주어지면서 (지금도 주고 있는) 사회적 민주화와 '평준화'가 증가하자 더 넓은 범위의 일반인들 사이에서는 이런 분석적 사고 기술의 필요성이 더 커졌다. 어느 때보다도 오늘날 민주 사회가 제공하는 자기 성장과 진보의 기회를 최대한 활용하고 싶은 사람들에게는 반드시 훌륭한 분석적 사고 기술이 필요하다.

나는 대학 수준의 (순수) 수학에서 필요한 사고 패턴을 수십 년간 가르치고 책을 썼다. 또한 산업체나 정부에서 자문 역할을 적잖이 하였다. 하지만 사업체와 정부 지도자들이 고용인에게 가치를 두는 것은 바로 전환 과정 강의의 초점이었던 '수학적 사고 능력'이라는 말을 들은 것은 근래 15년 정도밖에 안 된다. 최고경영자나 정부 연구소의 수장은 대부분 특정 기술을 가진 사람보다 좋은 분석적 사고 능력을 갖추고 특정 기술이 필요할 때 습득할 수 있는 사람을 원한다.

나는 학계와 산업계에서 다양하면서도 서로 맞물려 있는 경험을 바탕으로 이 책을 쓰면서 처음으로 더 넓은 층의 독자들도 접근할 수 있도록 전개 구조를 짜려고 노력했다.

그렇다 하더라도 이 글의 후반부는 주로 대학에 입학하여 (혹은 입학할) (순수) 수학 과정을 들어야 하는 학생들을 지향한다. 현대 순수 수학을 공부할 때 필요한 수학적 사고 능력은 방금 논의한 대로 인생에서 많은 직업과 삶에 필요한 중요한 정신적 능력을 의미하기 때문에, 이제 말하려는 것이 일반적인 독자들에게도 가치가 있다.

학생들에게

곧 알겠지만, 고등학교 수학에서 대학 수준의 (순수) 추상 수학으로 전환하기란 참 어렵다. 그 이유가 꼭 수학이 더 어려워서만은 아니다. 사실 이런 전환에 성공한 학생들이라면 많은 면에서 대학 수학이 더 쉽다고 동의할 가능성이 크다. 하지만 많은 학생에게 문제가 되는 것은 앞에서 말한 대로 강조하는 부분이 달라졌다는 점이다. 고등학교에서 가르치는 수학은 다양한 문제를 푸는 절차에 숙달하도록 기본을 맞춘다. 마치 요리책에서 조리법을 읽고 습득하는 것과 상당히 비슷한 배움 과정이다. 반면 대학에서는 수학자처럼 생각하는 법, 즉 다르지만, 구체적인 방식으로 사고하는 법을 배우는 데 초점을 맞춘다.

사실 모든 대학 수학 과정이 그러한 것은 아니다. 과학이나 공학을 공부하는 학생들을 위해 설계한 과정은 고등학교 수학의 정점을 이루기 마련인 미적분학 과정과 맥락이 상당히 비슷하다. 수학 전공을 이루는 덩치 큰 과정들은 이와 다르다. 이런 과정은 일부 과학이나 공학에서 더 고급스러운 작업을 할 때 필요하므로 이학 과목을 듣는 학생들은 대개 '다른 종류의' 수학을 대하고 있다는 걸 알게 된다.

수학적 사고는 다른 종류의 수학이 아니라, 수학을 보는 더 넓고 더 최신의 (그럼에도 더 열지 않은) 관점에 가깝다. 고등학교 교과 과정은 전형적으로 수학적 절차에 초점을 맞추며 그 밖의 주제는 대체로 무시한다. 그렇기 때문에 학생들은 대학 수학을 처음 대할 때 완전히 다른 학과목처럼 느낀다. 내가 대학에서 수학을 공부할 때는 확실히 그랬다. 만일 학생들이 수학을 (혹은 물리처럼 수학을 많이 쓰는 과목을) 공부하러 대학에 진학한다면, 고등학교 수학을 상당히 잘했을 것이다. 문제 풀이 절차를 따르는 데 (또한 어느 정도는 시간 제한 안에서 푸는 데) 능숙하다는 뜻이다. 그렇게 해야만 고등학교 체계가 학생들에게 보상을 주기 때문이다. 그러다 대학에 입학하면 모든 규칙이 바뀐다. 사실 처음에는 규칙조차 없는 듯이 보이거나, 있더라도 교수들이 비밀리에 숨기는 것처럼 보인다.

왜 대학에 들어가면 강조하는 부분이 변하는가? 단순하다. 교육이란 무엇인가를 하는 능력을 증가시키고 새로운 기술을 배우는 것이다. 여러분이 고등학교를 졸업할 때가 되어 일단 새로운 수학적 절차를 배울 수 있다고 입증되면, 같은 것을 더 가르쳐서 얻을 수 있는 것은 별로 없다. 새로운 기교는 필요하면 언제든 배울 수 있다.

예를 들어, 피아노를 배우는 학생이 차이콥스키 협주곡을 숙달하면 약간만 연습해도 (하지만 기본적으로 새로운 것을 배우지 않아도) 다른 곡을 연주할 수 있다. 그때부터 학생의 초점은 다른 작곡가를 포함하여 연주 곡목을 확장하거나 음악을 충분히 이해하여 직접 곡을 쓰는 것이다.

대학 수학도 이와 비슷하게 표준적인 절차를 모르는 참신한 (실용적이거나 실생활의 문제, 수학이나 과학에서 발생하는) 문제를 푸는 생각하는 능력을 계발하는 것이 목표다. 어떤 경우에는 표준 절차가 없을 수도 있다. (스탠퍼드 대학교를 다녔던 래리 페이지와 세르게이 브린이 새로운 수학적 정보 검색 방식을 개발하여 구글로 이어진 것도 이런 예였다.)

다른 식으로 표현하면 (수학적 사고가 현대 세계에서 왜 가치가 있는지 분명히 할 수 있게) 대학 이전에는 '상자 안에서 생각하는 법'을 배워서 수학에 성공하지만, 대학에서는 사실상 오늘날의 모든 주요 고용주가 자신의 일꾼에게서 높이 평가한다고 말하는 '상자 밖에서 생각하는 법'을 배워서 수학에 성공하는 것이다.

모든 '전환 과정 교재'나 '전환 과정'과 마찬가지로 이 책의 주요 초점은 자신에게 익숙한 분석틀에 잘 맞지 않는 새로운 문제에 접근하는 법을 배울 수 있게 돕는 것이다. 이는 주어진 문제를 생각하는 방법을 배우는 것으로 귀결된다.

고등학교에서 대학으로 성공적으로 전환하기 위해 밟아야 하는 단계는 두 가지다. 중요한 첫 번째 단계는 적용할 공식이나 따라 할 절차를 찾아다니지 않는 법을 배우는 것이다. 예를 들어 교재에 풀이해 놓은 것이나 유튜브 영상에 올려놓은 것과 같은 비슷한 문제를 찾아서 숫자만 바꿔서 새로운 문제를 푸는 일은 보통 안 통한다. 대학 수학과 실세계 응용의 상당 부분에서도 여전히 이런 방식이 유용하기 때문에, 고등학교에서 했던 공부가 휴지 조각은 아니다. 하지만 대학 수학 과정에서 많은 부분 요구하는 새로운 종류의 '수학적 사고'에는 충분하지 않다.

숫자를 대입하면 되는 공식이나 적용할 절차, 따라 할 만한 유사한 문제를 찾아서 문제를 해결할 수 없으면 어떻게 해야 할까? 그 문제를 생각하는 것이 답이다. 이것이 두 번째 중요한 단계다. 문제의 형태가 아니라 (아마도 고등학교까지 그렇게 배웠고 그때는 잘 통했을 수도 있다) 문제가 실제로 말하는 것을 생각해야 한다. 쉽게 들릴 수도 있지만, 대부분 처음에는 극히 힘들고 심한 좌절을 겪게 된다. 여러분도 그런 경험을 할 가능성이 많기 때문에, 이런 변화가 필요한 이유가 있다는 것을 알면 도움이 된다. 수학을 실제 세계에 응용하는 것과 관련이 있다. 1장에서 공들여 설명하겠지만 지금은 하나의 비유만 들기로 한다.

수학을 자동차 세상과 비교하면 고등학교까지 배운 수학은 운전법을 배우는 것이다. 대학에서 배우는 수학은 차가 어떻게 움직이는지, 어떻게 유지하고 수리하는지와 같은 주제를 훨씬 더 배워 자신만의 차를 설계하고 만드는 것이다.

끝으로 이 책을 읽기 전에 미리 염두에 두면 유용할 조언을 제시한다.

- 전형적인 고등학교 수학 교과 과정을 마쳤거나 곧 마쳐야 하는 것이 이 책에 필요한 선수 과정의 전부다. 한두 곳에서는 (특히 마지막 장에서) 초등 집합론에서 필요한 몇 가지 지식을 (기본적으로 집합의 포함 관계, 합집합, 교집합의 성질 같은 것) 가정한다. 이 주제에 익숙하지 않은 학생들을 위해 필요한 내용은 부록에 수록했다.

- 점점 어렵다고 느낄 수도 있을 텐데, 모든 게 동기부여가 안 되어 있기 때문임을 명심하라. 훗날에 수학적 (아직 여러분이 모르는 수학!) 사고를 쌓아 올릴 기초를 제공하는 것이 목적이다. 새로운 사고방식을 익히는 데 독학적인 요소를 피할 방법은 없다.

- 새로운 개념과 아이디어를 이해하는 데 초점을 맞춰라.

- 서두르지 마라. 새롭게 배워야 할 사실은 매우 적지만 (이

책이 얼마나 얇은지 알 것이다) 이해해야 할 것은 많다.

- 가능한 한 연습문제를 많이 풀어라. 여러분의 이해를 도우려고 만든 것이다.

- 어려움이 발생하면 동료나 강의자와 상의하라. 혼자 힘으로 중대한 사고의 전환을 숙달하는 사람은 거의 없다.

- 이 책은 독학을 위해 만든 교재가 아님을 강조한다. 교과과정의 안내서로, 사람이 지도를 보충하는 책으로 강의자 이외의 출처로부터 보충 정보가 필요하다고 느낄 때 참고하게끔 쓴 것이다.

- 이 책에는 연습문제가 많다. 풀어 볼 것을 강력히 권한다. 이 책에서 연습문제는 필수다. 하지만 여느 교재와 달리 연습문제에 해답이 없다. 이는 간과한 것이 아니라 일부러 그런 것이다. 수학적으로 사고하기는 해답을 찾는 문제가 아니다. (물론 수학적으로 생각하는 법을 배우면, 절차적 조리법을 따를 때보다 훨씬 쉽게 적절한 답을 얻을 수 있다.) 옳게 한 건지 알고 싶다면—누구나 그렇다—그걸 아는 사람을 찾아야 한다. 수학적 추론이 옳은지 판단하는 것은 전문성이 필요한 가치 판단이다. 학생들은 겉으로 보기에는 옳은 답을 얻지만 자세히 보면 틀린 예가 잦다. 물론 답을 주더라도 해롭지 않은 연습문제도 조금 있다. 하지만 고등학교에서

대학 수학으로 전환하는 것은 '해답을 얻는 것'이 아니라 애쓰고 되돌아보는 절차라는 중요한 메시지를 더 강력하게 보내고 싶었다.

- 가능하면 남들과 같이 공부하라. 고등학교 때는 푸는 것에 초점을 맞추고 있기 때문에 보통 혼자 공부하는데, 전환 과정을 숙달하는 것은 사고하기가 모든 것이므로 자신이 공부한 것을 남과 논의하는 것이 혼자 공부하는 것보다 훨씬 나은 접근법이다. 친구들의 증명을 분석하고 비평하면 자신의 배움과 이해가 훨씬 높아질 것이다.

- 어느 절에서건 처음에 쉬워 보인다고 얼른 끝내려고 애쓰지 마라.● 이 책 전체가 대학 수준의 수학 어느 부분에서는 (사실상 모든 곳에서) 필요한 기본적인 것들로 이루어져 있다. 이 책에서 찾을 수 있는 모든 것은 초보자들이 까다로워 할 수 있는 것이므로 포함한 것이다. (그 점에서는 나를 믿어도 좋다.)

- 포기하지 마라. 전 세계의 학생들이 작년에도 해냈고, 재작년에도 해냈다. 나도 오래 전에 해냈다. 여러분도 마찬가지다!

- 아, 맞다. 한 번 더, 서두르지 마라.

●그렇다. 바로 몇 문단 전에서도 말했다. 일부러 이렇게 반복하는 것이다. 중요한 점이기 때문이다.

- 기억할 것. 목표는 새로운 사고방식을 — 긴 인생 여정에서 귀중하다는 것을 알게 될 것이다 — 계발하고 이해하는 것이다.

- 고등학교 수학은 풀이에 대한 것이지만, 대학 수학은 대부분 사고에 대한 것이다.

- 마지막 조언 세 마디, "천천히 시간을 들여라."

행운을 빈다.

키스 데블린
스탠퍼드 대학교
2012년 7월

차례

옮긴이의 말 5
서문 9
이 책은 어떤 책인가 13

1. 수학이란 무엇인가? 25
1.1 산수 이상의 것 26
1.2 수학적 표기법 29
1.3 대학 수준 현대 수학 32
1.4 왜 이런 것을 배워야 하는가? 37

2. 언어를 정확히 하기 43
2.1 수학 명제 45
2.2 논리 연결사 '이고, 또는, 아닌' 54
2.3 뜻함 68
2.4 한정사 95

3. 증명 125
3.1 증명이란 무엇인가? 126
3.2 모순에 의한 증명 130
3.3 조건문 증명하기 135
3.4 한정사 명제를 증명하기 140
3.5 귀납적 증명 145

4. 수에 대한 결과 증명하기 159
4.1 정수 159
4.2 실수 177
4.3 완비성 181
4.4 수열 190

부록. 집합론 199

1.
수학이란 무엇인가?

학교에서 많은 시간 수학을 가르치지만 수학이 무엇인지 전달하는 데는 거의 시간을 들이지 않는 것 같다. 그 대신 수학 문제를 어떻게 풀지 다양한 절차를 배우고 적용하는 데 초점을 맞춘다. 축구란 몸을 움직여 공을 골대 속으로 넣는 것이라고 설명하는 것과 다소 비슷하다. 두 가지 모두 다양한 핵심 특징을 설명하지만 큰 그림이 무엇인지, 왜 그렇게 하는지는 놓치고 있다.

정해진 교과과정이 있기 때문에 이런 일이 생긴다고 이해는 하지만, 이는 잘못된 것이다. 특히 오늘날 세상에서 수학의 본질, 범위, 힘, 한계를 어느 정도 이해하는 것은 모든 시민에게 귀중하다.● 나는 수년 동안 공학, 물리학, 컴퓨터 과학, 심지어 수학 자체까지 수학을 많이 쓰는 과목으로 학위를 받고 졸업했지만, 고등학교 전 과정과 대학 수준의 교육을 거치며 현대 수

●아직 읽지 않았다면 이 책의 '서문'을 읽길 바란다. 서문은 이곳과 책 전체를 통틀어 대단히 중요하다.

학을 이루는 것이 무엇인지 좋은 개관을 얻지 못했다고 말하는 이들을 많이 만났다. 수학의 진짜 본성은 먼 훗날에 가서야 언뜻 포착하기도 하고, 현대 생활에 구석구석 배어 있는 역할을 알게 되는 것이다.●

1.1 산수 이상의 것

오늘날 과학과 공학에서 이용하는 수학은 대부분 300년 혹은 400년이 넘지 않았으며, 상당수가 100년도 안 된 것들이다. 그럼에도 전형적인 고등학교 교과과정은 적어도 그 정도는 오래된 것, 일부는 2000년도 넘는 것들이다.

그렇게 오래된 것을 가르치는 게 잘못은 아니다. 고장 나지 않은 거라면 고치지 말라는 격언도 있지 않은가. 8, 9세기 아랍어권 상인들이 상거래에서 효율성을 높이기 위해 개발한 대수학은(대수(algebra)라는 단어는 '복구' 혹은 '깨진 부분의 재결합'을 뜻하는 아랍어 al-jabr에서 나온 것이다.) 오늘날에는 중세의 손가락셈이 아니라 스프레드시트 매크로로 실행할 수 있지만, 당시와 마찬가지로 지금도 유용하고 중요하게 남아 있다. 하지만 시간은 흐르며 사회는 발달한다. 그 과정에서 새로운 수학의 필요성과 자연스럽게 마주친다. 교육도 보조를 맞춰야 한다.

수학은 대략 1만 년 전쯤 화폐가 도입되고 숫자와 산수를 발명하면서 시작했다.(맞다. 분명히 돈과 함께 시작했다!)

여러 세기가 지나면서 고대 이집트인과 바빌로니아인은 기하

● 앞의 각주를 보라.

학과 삼각법을 포함하도록 수학을 확장했다.●● 이런 문명에서 수학은 대개 실용적인 것이었고, 상당 부분 '요리책'(숫자나 기하학 도형을 이렇게 저렇게 하면 답이 나온다.) 종류였다.

기원전 500년경부터 기원후 300년경까지는 그리스 수학의 시대였다. 고대 그리스의 수학자들은 특히 기하학을 높이 쳤다. 사실 그리스 수학자들은 숫자를 길이를 재는 기하학적 대상으로 취급했으며, 자신들의 숫자에 대응하지 않는 수를 발견하면서(무리수의 발견) 수에 대한 연구는 사실상 끝났다.●●●

사실 수학을 단순한 측량, 계수, 회계 기술의 집합이 아니라 연구분야로 만든 것은 그리스인이었다. 기원전 500년경 밀레투스의(현재 터키의 일부) 탈레스는 수학에서 정확히 진술한 주장을 형식 논증으로 논리적으로 증명할 수 있어야 한다는 아이디어를 도입했다. 이런 혁신은 현대 수학의 기반인 정리의 탄생을 알렸다. 그리스인의 이런 형식적인 접근은 성서 이후 가장 널리 읽힌 책으로 평판이 나 있는 유클리드의 『원론』이 출판됨으로써 절정에 달했다.●●●●

전반적으로 고등학교 수학은 내가 위에 나열한 모든 발달과, 17세기에 나온 미적분학과 확률론 딱 두 가지의 발달에 기반한다. 최근 300년간 나온 수학 중 교실로 들어간 것은 사실상 없다. 그렇지만 오늘날 세상에서 이용하는 수학은 대부분 최근

●●예를 들어 중국이나 일본과 같은 다른 문명도 수학을 발달시켰다. 하지만 이런 문화의 수학은 현대 서양 수학의 발달에 직접 영향을 끼치지 않은 것으로 보여 이 책에서는 무시하기로 한다.

●●●젊은 그리스 수학자가 발견했다는 소식이 새어나가지 않게 하려고 바다로 데려가 익사시켰다는 끔찍한 이야기는 자주 등장한다. 적어도 내가 아는 한 이 전설적인 이야기를 뒷받침할 증거는 전무하다. 대단한 이야기이기 때문에 유감이다.

●●●●오늘날 시장에서 페이퍼백을 대량 출판하는 시대에 '널리 읽혔다'는 것은 책이 유통된 햇수를 반영한 것으로 짐작한다.

300년은 고사하고 지난 200년 동안 개발된 것이다.

그 결과 학교에서 전형적으로 배운 사람은 수학에 대한 관점이 제한되어 수학 연구가 성장 중인 세계적 활동이라는 것과 수학이 현대 생활과 사회 대부분의 직업에 상당히 스며들어 있다는 것을 쉽게 받아들이지 못한다. 예를 들어 미국 정부 조직 중 어느 곳에서 가장 많은 수의 수학박사를 채용하는지 쉽게 알지 못한다.(정확한 수는 공식 비밀이지만, 답은 틀림없이 국가안보국(NSA)이다. 이곳 수학자들 대부분은 암호를 푸는 일을 하여, 안보국이 시스템을 감시하여 가로챈—비록 안보국은 그렇게 말하진 않지만 최소한 그렇다고 일반적으로 믿는다—메시지를 읽을 수 있게 한다. 미국인 대부분이 NSA에서 암호 해독에 가담한 건 알지만, 해독에 수학이 필요한지는 모른다. 따라서 NSA가 고급 수학자를 많이 채용하는 조직이라고 생각하지 못한다.)

수학적 활동이 폭발한 것은 지난 100년 동안 벌어진 일로 특히나 극적이다. 20세기가 시작될 무렵 수학은 산술, 기하, 미적분 외에 몇 가지를 포함한 대략 열두 가지 주제로 이루어졌다고 말해도 합리적이었다. 오늘날 서로 다른 범주에 드는 주제의 수는 어떻게 세느냐에 달렸기는 하지만 60개에서 70개 사이다. 대수나 위상수학 같은 주제는 여러 세부 분야로 나뉘었고, 복잡성 이론이나 동역학계와 같은 것은 완전히 새로운 연구 분야다.

수학의 극적인 성장은 1980년대 수학에 대한 새로운 정의인 패턴의 과학이 출현하기에 이르렀다. 이런 묘사에 따르면 수학자는 수치적 패턴, 모양 패턴, 운동 패턴, 행동 패턴, 모집단의 투표 패턴, 반복되는 우연적 사건의 패턴 등등 추상적 패턴을 식별하고 분석한다. 이런 패턴은 실질적일 수도 허상일 수도 있고, 시각적일 수도 정신적일 수도 있으며, 정적일 수도 동적일 수도 있고, 양적일 수도 질적일 수도 있으며, 실질적일 수도 오락거리일 수도 있다. 우리 주변 세계나 과학을 탐구할 때, 인간 정신의 내면의 과정에서 발생할 수도 있다. 패턴의 종류가 다르면 다른 수학 분야의 근원이 된다. 예를 들면 다음과 같다.

- 산수와 수론은 수와 수를 세는 패턴을 연구한다.
- 기하학은 모양 패턴을 연구한다.
- 미적분학은 운동 패턴을 다룬다.
- 논리학은 추론의 패턴을 연구한다.
- 확률론은 우연의 패턴을 다룬다.
- 위상수학은 닫힘성과 위치의 패턴을 연구한다.
- 프랙털 기하는 자연 세상에서 발견되는 자기 유사성을 연구한다.

1.2 수학적 표기법

무심한 듯한 관찰자들조차 현대 수학이 대수적 표현, 복잡해 보이는 공식, 기하학적 도형 등 추상적 표기법을 사용한다는 것을 명백히 알고 있다. 수학자들이 추상적 표기법에 의존하는 것은 연구하는 패턴의 추상적 본성을 반영하는 것이다.

현실의 면모가 다르면 다른 형태의 묘사 방법이 필요하다. 예를 들어 땅의 형태를 연구하거나 낯선 도시에서 길을 찾는 법을 설명하기 위해 가장 적절한 방법은 지도를 그리는 것이다. 문서는 훨씬 덜 적절하다. 이와 유사하게 건물 짓는 법을 표현하는데 가장 적합한 것은 주석을 단 곡선 도면 청사진이다. 음악을 종이 위에 표현하려면 악보 표기법이 가장 적합하다. 다양한 종류의 추상적이고, 형식적인 패턴과 추상적 구조를 가장 적절히 표현하거나 분석할 수단은 수학적 표기법, 개념, 절차를 이용하는 수학이다.

예를 들어 덧셈의 교환법칙은 보통 언어로 다음과 같이 쓸 수 있다.

두 수를 더하면, 더하는 순서는 중요하지 않다.

하지만 기호를 이용하면 보통 다음과 같이 쓸 수 있다.

$$m + n = n + m$$

이처럼 간단한 예라면 기호 표기에 의미 있는 이점이 없지만, 대다수의 수학적 패턴은 복잡하며 추상화의 정도가 심하기 때문에 기호 표기법 이외의 것을 사용하면 엄청나게 성가시다. 그래서 수학의 발달에는 추상적 표기법의 사용 증가가 수반된 것이다.

현대적 형태의 기호 수학을 도입한 것은 16세기 프랑스 수학자 프랑수아 비에트(François Viète)의 공적이라고 하지만, 최초의 대수적 표기법은 기원후 250년경 알렉산드리아에서 살았던 디오판토스의 저술에서 나타난 것으로 보인다. 열세 권짜리 논문(단 여섯 권만 남아 있다.) 『산술』은 최초의 대수 책으로 간주한다. 특히 디오판토스는 특별한 기호를 사용해 방정식에서 미지수와 미지수의 거듭제곱을 표기했고, 뺄셈과 등식을 나타내는 기호도 썼다.

요즘 수학책은 기호로 넘치지만, 음표가 음악이 아니듯 수학 기호가 수학은 아니다. 음악 전보는 음악 한 곡을 표현하지만, 음악 자체는 그 페이지를 노래하거나 악기에 맞춰 연주할 때 들을 수 있다. 음악이 살아나고 우리의 경험이 되는 것은 연주를 통해서다. 음악은 인쇄된 종이 위에 있는 것이 아니라 우리의 마음속에 있다. 수학도 마찬가지다. 종이 위의 기호는 단지 수학을 표현한 것뿐이다. 능숙한 연주자가(우리 경우에는 수학 훈련을 받은 사람이) 읽으면 인쇄된 종위 위의 기호가 살아나게—추상적인 교향곡처럼 수학은 독자의 정신 속에서 살아 숨쉰다—된다.

반복하자면, 추상적 기호를 쓰는 것은 수학이 식별하고 공부하도록 도와주는 패턴의 본성이 추상적이기 때문이다. 예를 들어 우주에서 보이지 않는 패턴을 이해하려면 반드시 수학이 필요하다. 1623년 갈릴레오는 이렇게 썼다.

> 자연이라는 위대한 책은 자연을 쓴 언어를 아는 사람만
> 읽을 수 있다. 그 언어는 수학이다.●

물리학을 정확히 기술할 수 있는 것도 사실은 우주를 수학이

●분석자(The Assayer). 갈릴레오의 말로 자주 인용되는 구절이다.

라는 렌즈로 볼 수 있기 때문이다.

딱 한 가지 예를 들면, 물리법칙을 수학을 응용하여 이해하고 진술한 결과 항공 여행이 시작됐다. 제트 추진 항공기가 우리 머리 위로 날 때, 위에서 붙들고 있는 것은 보이지 않는다. 이 항공기를 높이 띄우는 보이지 않는 힘은 수학을 통해서만 '볼 수' 있다. 이런 힘들은 17세기 아이작 뉴턴이 찾아냈고 이 힘들을 연구하기 위해 필요한 수학을 개발했다. 비록 뉴턴의 수학을 실제로 이용하여 비행기를 만들기까지 수세기 동안 (그 사이 추가로 개발된 많은 수학을 통해 강력해진) 기술을 개발해야 했지만 말이다. 이는 수학이 무엇을 하는지 묘사할 때 내가 즐겨 반복하는 수많은 말 중 하나이다. 수학이 보이지 않는 것을 보게 해주었다.

1.3 대학 수준 현대 수학

수학이 어떻게 발달했는지 간단한 역사적 개관을 염두에 두어야 대학 수준의 현대 수학과 고등학교에서 가르치는 수학이 근본적으로 어떻게 다른지 설명할 수 있다.

수학자들은 오래전부터 연구 대상을 숫자나 숫자의 대수적 기호를 넘어 범위를 확장했지만, 대략 150년 전까지만 해도 사람들은 수학을 기본적으로 계산이라고 여겼다. 즉, 수학에 숙달한다는 것은 기본적으로 계산을 수행하거나 기호로 된 수식을 조작하여 문제를 푸는 능력을 의미했다. 전반적으로 고등학교 수학은 여전히 그런 초창기 전통에 상당 부분 기반한다.

하지만 19세기 동안 수학자들이 훨씬 복잡한 문제를 공략하면서, 수학에 대한 초기의 직관이 자신들의 작업의 안내자로는 불충분한 경우도 있다는 것을 발견하기 시작했다. 즉, 직관에 반하는 (때로는 역설적인) 결과들 때문에 중요한 실제 세상의 문제를 풀기 위해 개발한 방법이 설명할 수 없는 결과를 낸다는 것을 깨달았다. 예를 들어 바나흐(Banach)-타르스키(Tarski) 역설은 공 하나를 어떤 방식으로 잘라서 재조립하면 원리적으로 원래 것과 각각 크기가 똑같은 공 두 개를 만들 수 있다는 정리다. 우리의 상상에 반하기는 하지만 수학은 옳기 때문에 바나흐-타르스키의 결과는 사실로 받아들여야 한다.

따라서 수학은 수학 자체로만 이해할 수 있는 영역까지 도달할 수 있다는 것이 명백해졌다. 수학자들은 수학을 통해 발견했지만 다른 수단으로는 검증할 수 없는 것에 자신 있게 의존할 수 있게 하기 위해 수학적 방법을 내부로 전환하였고, 수학 자체를 탐구하는 데 이용했다.

19세기 중반의 이런 자기반성은 수학의 주된 초점이 더는 계산을 수행하거나 답을 찾는 것이 아니라 추상적인 개념과 관계를 형식화하고 이해하는 것이라는 새롭고 색다른 개념을 채택하기에 이르렀다. 푸는 것에서 이해하는 것으로 전환한 것이다. 이제 수학적 대상은 주로 식으로 주어진 것이라고 생각하지 않고, 개념적인 성질의 매개체로 여겼다. 뭔가를 증명한다는 것은 더는 규칙에 따라서 항들을 변환하는 문제가 아니었고, 개념을 논리적으로 유도하는 절차였다.

일어날 수밖에 없던 이런 혁명으로 수학자들이 수학을 생각하는 방식이 완전히 바뀌었다. 하지만 나머지 세상사람들에게는 이런 전환이 동일하게 일어나지 않았다. 이런 새로운 강조가 학부 교과과정에 편입되고서야 전문 수학자들이 아닌 이들도 뭔가가 바뀌었다는 것을 알게 됐다. 대학 수학을 배우는 학생 여러분이 이런 '새로운 수학'과 처음 만나면서 휘청거렸다면, 레조이네 디리클레, 리하르트 데데킨트, 베른하르트 리만 등 이런 새로운 접근법을 선도한 수학자들을 비난할 수도 있다.

앞으로 다가올 것의 맛보기로, 이런 전환을 예로 들어 보겠다. 19세기 이전의 수학자들은 $y = x^2 + 3x - 5$와 같은 식으로 주어진 수 x로부터 새로운 수 y를 만들어내는 함수를 구체화한다는 사실에 익숙해 있었다. 그때 혁명적인 디리클레가 와서 식은 잊고, 입력과 출력 행동이라는 용어로 함수가 하는 일에 집중하자고 말했다. 디리클레에 따르면 기존의 수로부터 새로운 수를 얻어내는 아무 규칙이나 함수다. 이런 규칙은 대수적 식으로 구체화할 필요가 없다는 것이다. 사실은 수로 제한을 둘 이유조차 없다. 한 종류의 대상으로부터 다른 대상을 만들어내는 아무 규칙이나 함수일 수 있다.

이런 정의 때문에 실수 집합 위에서 다음과 같은 규칙으로 정의한 함수도 정당하다.

x가 유리수면 $f(x) = 0$이라 두고,
x가 무리수면 $f(x) = 1$이라 둔다.

이 괴물을 그래프로 그려 보라!

수학자들은 이렇게 식이 아니라 성질로 구체화한 추상적인 함수의 성질을 연구하기 시작했다. 예를 들어 서로 다른 값에서 시작하면 항상 다른 답을 주는 성질을 갖는 함수인가?(이런 성질을 가지면 일대일이라 부른다.)

수학자들이 자체로 추상적인 개념인 함수의 연속성과 미분가능성의 성질을 연구하는 실해석학이라 부르는 새로운 분야의 발달에서 이런 추상적, 개념적인 접근법이 특히 열매를 맺었다. 프랑스와 독일의 수학자들은 오늘날까지 미적분 이후의 수학을 배우는 새로운 세대의 학생들이 연속성과 미분가능성을 숙달하는 데 대단히 많은 노력을 기울여야 하는 '엡실론-델타 정의'를 개발하였다.

1850년대 리만도 식은 부차적으로 여겼으며 대신 미분가능성을 이용하여 복소함수를 정의했다.

유명한 독일 수학자 카를 프리드리히 가우스(1777~1855)가 정의한 잉여류는 여러분이 대수학 과정에서 만날 텐데, 수학 구조를 공리를 써서 구체화한 특정 연산을 갖춘 집합으로 정의하는—지금은 표준인—접근법의 선구자다.

데데킨트는 가우스로부터 이런 단서를 취해, 환, 체, 이데알과 같은 새로운 개념을 각각 특정한 연산을 갖춘 대상의 집합으로 정의하고 연구했다.(이 개념들도 미적분 이후의 수학 교육에서 곧 만날 가능성이 크다.)

다른 변화도 많았다.

대부분의 혁명과 마찬가지로 19세기의 변화는 주역들이 전면에 드러나기 훨씬 전 시대에 근원을 두고 있다. 그리스인은 수학을 단순한 계산이 아니라 개념적인 노력으로 관심을 가졌고, 17세기 미적분의 공동 발명자인 고트프리트 라이프니츠는 두 가지 접근법을 모두 깊게 생각했다. 하지만 19세기까지 대체로 수학은 주로 문제를 푸는 절차의 묶음으로 간주했다. 하지만 오늘날의 수학자에게는 혁명 이후의 수학 개념이 완전히 체화되어서, 19세기에는 혁명이었던 수학을 원래 그런 것으로 단순히 받아들인다. 혁명은 조용했을지 모르고 대개는 잊힌 수준이지만, 완수됐으며 원대했다. 또한 여러분이 이 새로운 현대 수학 세계로 진입할 때 (혹은 최소한 수학적으로 생각하는 법을 배우기에) 필요한 기본적인 정신적 도구를 갖출 수 있도록 이 책의 주요 목표와 배경을 정해 주었다.

19세기 이후의 수학 개념이 미적분 이후의 대학 수준에서 현장을 지배하였지만, 고등학교 수학에는 그다지 영향을 미치지 못했다. 그렇기 때문에 여러분이 전환할 수 있도록 돕는 책이 필요하다. 새로운 접근법을 고등학교 교실에 도입하려고 시도했지만, 엄청난 잘못이었으며 머지않아 포기할 수밖에 없었다. 1960년대의 이른바 '새로운 수학' 운동이 그런 시도였다. 혁명가들의 메시지가 상위권 대학의 수학과에서 나와 고등학교로 이르는 도중에 심하게 왜곡됐던 것이 잘못이었다.

1800년대 중반 이전이든 이후든 수학자들에게 계산과 이해는 둘 다 항상 중요했다. 두 주제 중 어느 것이 진짜이며 어느 것이 파생적이거나 지원하는 역할을 하는 건지 단순히 강조하는 부분이 이동했다는 것이 19세기의 혁명이었다. 불행히도 1960년대에 미국 중등학교 선생님에게 도달한 메시지는 "계산 기술은 잊어라. 개념에만 집중해라"인 경우가 많았다. 이렇게도 우습고 궁극적으로 재앙에 가까운 전략을 두고 풍자가(이자 수학자) 톰 레러는 노래 「새로운 수학」에서 "중요한 것은 방법이야. 제대로 된 답이 나오지 않더라도 신경 쓰지 마" 하고 빈정거리기까지 했다. 한심스러웠던 몇 년이 지난 후, '새로운 수학'은(이미 100년이 넘었음에 주목하라.) 중고등학교 시간표에서 거의 빠졌다.

자유세계에서 교육 정책을 수립하는 성격이 그런 법이어서, 비록 두 번째로 하면 잘될 거라고 해도 가까운 미래에 다시 이런 변화가 생길 가능성은 낮다. 또한 이런 변화가 바람직한 것인지도 (적어도 내게는) 분명하지 않다. 교육계에서는 사람의 정신이 추상적 수학적 대상의 성질을 추론할 수 있기 전에 이 대상의 계산에 어느 정도 숙달해야 한다는 (어느 쪽이든 강력한 증거가 없으므로 열띤 논쟁 중이다.) 논쟁이 있다.

1.4 왜 이런 것을 배워야 하는가?

이제 계산적 관점에서 개념적 관점으로 수학을 보는 19세기의 관점 전환이 전문 수학계 내부의 변화였다는 것이 분명해졌다. 전문가이기 때문에 이들의 관심은 수학의 본질 자체에 있었다. 매일 수학적 방법을 이용하여 작업하는 대부분의 과학자, 공학자 등등은 거의 이전처럼 작업을 계속 했으며, 오늘날도 그렇다. 계산하고 정답을 얻는 것은 여느 때보다 중요하게 남아 있으며, 역사상 어느 때보다 훨씬 널리 이용되고 있다.

그 결과 수학계 밖의 사람 누구에게나 이런 전환은 초점의 변화라기보다 수학적 활동의 확장처럼 보인다. 오늘날 대학 수준의 수학과 학생들에게는 그저 문제를 풀기 위한 절차를 배우는 대신, 또한 (즉 추가로) 바탕에 깔린 개념을 숙달해야 하고, 자신들이 사용하는 방법을 정당화하는 능력이 요구된다.

이런 요구가 합리적인 걸까? 새로운 수학을 개발하고 옳다는 것을 검증하는 것이 일인 전문 수학자에게는 그런 개념적 이해가 필요하지만, 수학을 단순히 도구로 사용하는 경력 (예를 들어 공학) 추구가 목표인 사람들에게까지 왜 요구하는 걸까?

두 가지 답이 있는데 둘 다 상당한 정도로 타당하다.(혜살 놓기: 답이 두 개로 보일 뿐이다. 더 깊이 분석하면, 같은 것으로 드러난다.)

첫째, 교육은 훗날 경력에 사용하기 위해 특정한 도구를 취득하는 것만은 아니기 때문이다. 우리 문화의 보석들을 한 세대에서 다음 세대로 건네주기 위해 과학, 문학, 역사, 예술과 함께 인간 문명 최대의 창조물의 하나인 수학을 가르쳐야 한다. 우리 인간은 하는 일과 추구하는 경력을 훨씬 능가하는 존재다. 교육은 인생에 대한 준비며, 특정한 작업 기술을 숙달하는 것은 그중 일부일 뿐이다.

첫 번째 답에 더 이상의 정당화가 필요하지 않음은 분명하다. 둘째, 일하는 도구의 문제에 대한 것이다.

많은 업무가 수학적 기량이 필요하다는 데에는 의문이 없다. 사실 대부분의 산업체 수준에서 필요한 수학은 흔히 예상하는 것보다 높은 것으로 나타났는데, 많은 사람이 직업을 찾을 때 자신의 수학적 배경이 부족하다는 것을 발견한다.

수많은 세월 동안, 우리는 산업사회로 진보하면서 수학적 기량을 갖춘 노동력이 필요하다는 사실에 점차 익숙해졌다. 하지만 좀 더 가까이 들여다보면, 이런 기술은 두 가지 범주로 나뉜다. 첫 번째 범주는 주어진 문제, 즉 이미 수학적 용어로 표현된 문제에 대해 수학적 해를 찾을 수 있는 사람들로 구성돼 있다. 두 번째 범주는 예를 들어 제조업에서 새로운 문제를 접할 때 문제의 핵심 특징을 식별하고 기술하여 그런 수학적 묘사를 이용하여 정확한 방식으로 분석할 줄 아는 사람들로 구성된다.

과거에는 첫 번째 유형의 피고용인이 많이 필요했고, 두 번째 유형의 재능은 적게 필요했다. 우리의 수학 교육 과정은 대개 두 가지 필요에 모두 맞춰 있다. 기본적인 초점은 항상 첫 번째 종류의 사람들을 만드는 데 맞춰 있지만 그중 일부는 불가결하게 두 번째 종류의 활동에도 능한 것으로 드러난다. 따라서 모든 것이 순조로웠다. 하지만 회사들이 계속 사업하며 살아남기 위해서 끊임없이 혁신해야 하는 오늘날 세상에서는 두 번째 형태의 수학적 사고자를 (수학적 상자 안이 아니라 밖에서 생각할 줄 아는 사람) 향해 이런 요구가 옮겨가고 있다. 그래서 갑자기 모든 게 순조롭지 못하게 됐다.

오랜 기간 혼자 작업할 수 있으며 구체적 수학 문제에 깊게 집중할 수 있는 어느 정도 수학적 기교에 숙달한 사람은 항상 필요하므로, 우리의 교육 체계도 그런 발달을 지원해야 한다. 하지만 21세기에는 두 번째 유형의 능력을 더 많이 요구할 것이다. 이런 개인에 대한 이름이 없으므로 ('수학적 능력이 있는' 또는 '수학자'란 이름조차도 보통 첫 번째 숙달자를 가리킨다.) 혁신적인 수학적 사고인들이라는 이름을 제안하려고 한다.

이런 새로운 유형의 개인들은 (뭐 새로운 건 아니지만 전에는 각광을 받지 못했을 뿐이라고 생각한다.) 무엇보다도 수학, 수학의 힘, 수학의 범위를 개념적으로 잘 이해해야 하고, 언제 어떻게 응용할 할 수 있는지 방법과 한계를 알 필요가 있다. 또한 몇 가지 기본적인 수학 기술을 확고히 숙달해야 한다. 하지만 기술에 눈부시게 숙달해야만 하는 것은 아니다. (때로는 여러 학문에 걸친) 팀에서 협력하여 일을 잘할 수 있어야 하고, 사물을 새로운 방식으로 볼 수 있어야 하며, 필요해 보이는 새로운 기술을 빠르게 배우고 익힐 수 있어야 하고, 새로운 상황에 예전 방법을 적용하는 데 아주 능해야 한다는 것이 훨씬 더 중요한 요구조건이다.

이런 사람들을 어떻게 교육할 것인가? 수학의 구체적인 기교 전체 뒤에 놓여 있는 개념적 사고에 집중하기로 한다. 이 속담을 기억하는가? "사람에게 물고기를 주면 하루 먹을거리지만, 고기 잡는 법을 가르치면 평생 먹을 수 있다." 21세기의 삶에서 수학 교육도 마찬가지다. 수학적 기교는 너무나 다양하고 늘 새로운 것을 개발하므로, 대학교를 마칠 때까지 모두 배운다는 것은 불가능하다. 대학 초년생이 졸업하여 노동 인구로 진입할 즈음, 대학 시절 때 배운 구체적인 기술은 더는 중요하지 않을 가능성이 크며, 새로운 기술이 대유행한다. 어떻게 배울 것인가에 교육의 초점을 맞춰야 한다.

19세기의 수학자들을 계산 기술로부터 바탕에 깔린, 근본적이고 개념적인 사고 능력으로 전환하도록 (넓혀졌다고 해도 좋다.) 이끈 것은 수학에서 복잡성이 증가했기 때문이다. 150년이 지난 지금, 더 복잡한 수학이 등장하여 일부 사회 변화가 촉진되었으며, 전문 수학자뿐만 아니라 세상에서 사용하려는 관점으로 수학을 배우는 모두에게도 초점의 이동은 중요해졌다.

따라서 이제 여러분은 19세기 수학자들이 왜 수학 연구의 초점을 이동했는지, 왜 1950년대 이후 대학 수학과 학생들이 개념적 수학적 사고에도 숙달하기를 요구받았는지 알게 됐다. 다시 말해 여러분은 이제 왜 여러분의 대학에서 전환 과정을 들으라고 하는지 알게 되었고, 어쩌면 이 책을 읽고 그렇게 하려는지도 모른다. '여러분'도 대학 수학 과정에서 버텨내야 한다는 당면한 필요를 넘어 삶을 누리는 데 이런 초점의 이동이 왜 중요한지 지금쯤은 깨달았길 바란다.

2.
언어를 정확히 하기

미국 흑색종 재단에서 발간한 2009년 실태보고서에 다음과 같은 내용이 있다.

미국인 한 명이 거의 매 시간 흑색종으로 사망한다.

이 주장은 어떤 수학자에게는 피식 웃음을 짓게 만들며 때로는 한숨이 나오게 한다. 수학자들이 비극적인 사망을 동정하지 않아서가 아니다. 문장을 문자 그대로 받아들이면 재단에서 의도한 뜻이 아니기 때문이다. 이 문장을 그대로 읽으면 미국인 한 명 X라는 사람이 불운하게도 (거의 즉시 부활하는 놀라운 능력에 대한 언급도 없이) 매 시간 흑색종으로 사망한다는 뜻이다. 재단의 작가는 의미를 제대로 전달하려면 이 문장을 이렇게 써야 했다.

거의 매 시간 미국인 한 명씩 흑색종으로 사망한다.

이렇게 언어를 잘못 사용하는 예가 상당히 흔해서 사실 잘못 쓴 것이 아니라고까지 말할 정도다. 첫 번째 문장을 읽으면 모두 두 번째 의미를 포착한다. 수학자 및 정확히 진술해야 하는 직업인을 제외하면, 첫 번째 문장을 문자 그대로 읽으면 황당한 주장이라는 것을 거의 눈치조차 못 챈다.

작가와 강연자 들이 매일의 상황에서 매일의 맥락에 맞게 사용할 때, 독자와 수강자는 세상에 대한 (특히 저술 및 강연이 의도하는) 공통의 지식을 공유한다. 하지만 수학자들은 (또한 과학자들도) 자신의 연구에서 언어를 사용할 때 모두 새로운 발견이라는 과정에 종사하고 있으므로 공통으로 이해하는 것이 제한돼 있거나 없는 일이 잦다. 더욱이 수학을 할 때는 무엇보다 정확해야 한다. 물론 이 말은 수학자는 자신이 쓰고 하는 말의 문자적인 뜻을 알아야 한다는 의미다.

그렇기 때문에 대학에서는 수학을 시작하는 학생들에게 정확한 언어를 사용하도록 집중 강좌를 하는 것이다. 일상 언어가 엄청나게 풍부하고 폭이 넓으므로 벅찬 일처럼 들린다. 하지만 수학에서 사용하는 언어는 아주 제한돼 있어서 실은 상대적으로 작은 일로 밝혀졌다. 그렇지만 학생들은 일상생활에서 사용하는 익숙한 표현에서 엉성한 것을 제거하는 법을 배워야 하고, 대신 고도로 제한되고, 정확한 (다소 정형화된) 방식의 쓰기 및 말하기에 숙달해야 하므로 어렵다.

2.1 수학 명제

현대 순수 수학은 기본적으로 수학적 대상에 대한 **명제**(문장)와 관련이 있다.

수학적 대상이란 정수, 실수, 집합, 함수 같은 것이다. 수학 명제에는 다음과 같은 것이 있다.

(1) 무한히 많은 소수가 있다.

(2) 모든 실수 a에 대해 방정식 $x^2+a=0$은 실근을 갖는다.

(3) $\sqrt{2}$는 무리수다.

(4) $p(n)$이 자연수 n보다 작거나 같은 소수의 개수를 나타내면, n이 커질수록 $p(n)$은 $n/\log_e n$에 가까워진다.

수학자들은 이와 같은 종류의 명제에 관심이 있는 정도가 아니라 무엇보다도 어떤 명제가 참인지 어떤 명제가 거짓인지 아는 데 관심이 있다. 예를 들어 위의 예 중에서 (1), (3), (4)번 명제는 참이지만 (2)번 명제는 거짓이다. 각각이 참인지 거짓인지 과학에서처럼 관찰이나 측정, 실험으로 설명하는 것이 아니라 증명으로 설명하는데, 이는 적절한 때에 좀 더 자세히 설명하기로 한다.

(1)번 명제가 참이라는 것은 유클리드가 알아낸 참신한 방법으로 증명할 수 있다.● 만일 다음과 같이 소수를 크기순으로 나열하면

●이 증명은 4장에서 도입할 소수(prime number)에 대한 기본적인 사실을 사용하지만, 대부분의 독자는 증명에 필요한 것에는 익숙해 있을 것이다.

$$p_1, p_2, p_3, \cdots, p_n, \cdots$$

이 목록이 영원히 지속돼야 한다는 것이 아이디어다.(이 수열의 처음 몇 항은 $p_1=2$, $p_2=3$, $p_3=5$, $p_4=7$, $p_5=11$, …이다.)

이 목록을 n 단계까지 나열했다고 하자.

$$p_1, p_2, p_3, \cdots, p_n$$

이 목록에 더할 수 있는 다른 소수가 더 있다는 것을 보이는 것이 목표다. n에 구체적인 값을 주지 않고도 그럴 수 있다면 소수 목록이 무한하다는 것이 즉각 도출된다.

나열한 모든 소수를 다 곱한 뒤 1을 더한 수를 N, 즉

$$N=(p_1 \cdot p_2 \cdot p_3 \cdot \cdots \cdot p_n)+1$$

이라 하자. N이 나열한 모든 소수보다 크다는 것은 분명하다. 따라서 N이 소수라면 p_n보다 큰 소수라는 것을 알게 되므로 목록이 계속될 수 있다. (N이 다음 소수라는 얘기는 하지 않았다. 사실 N은 p_n보다 훨씬 크며, 다음 소수가 될 가능성은 거의 없다.)

이제 N이 소수가 아니라면 어떤 일이 일어나는지 보자. 그렇다면 N을 나누면서 $q<N$인 소수 q가 있어야 한다. 하지만 N을 $p_1, \cdots, p_n$ 중 어느 것으로 나누어도 나머지가 1이기 때문에, 이 중 어떤 것도 N으로 나누어떨어지지 않는다. 따라서 q는

p_n보다 커야 한다. 따라서 이 경우에도 p_n보다 큰 소수가 있다는 것을 알 수 있으므로 목록을 늘릴 수 있다.

위의 논증은 n의 값에는 전혀 의존하지 않으므로 무한히 많은 소수가 있다는 사실이 따라 나온다.

(2)번의 예는 거짓임을 쉽게 증명할 수 있다. 제곱하여 음수인 실수는 없으므로 방정식 $x^2+1=0$은 실근을 갖지 않는다. 적어도 하나의 a에 대해 (예를 들어 $a=1$) 방정식 $x^2+a=0$이 실근을 갖지 않으므로, (2)번 명제는 거짓이라는 결론을 내릴 수 있다.

(3)번에 대한 증명은 나중에 한다. (4)번에 대해 알려진 증명은 이 책과 같은 개론서에 포함하기에는 너무 복잡하다.

어떤 명제가 참인지 거짓인지 증명하려면 그전에 명제가 뜻하는 것이 무엇인지 정확히 이해할 수 있어야 함은 명백하다. 무엇보다도 수학은 표현의 정확성이 필요한 대단히 정확한 과목이다. 이 때문에 벌써 어려움이 발생하는데, 그 이유는 단어는 모호한 경향이 있으며, 실제 삶에서 언어를 정확히 사용하는 경우는 드물기 때문이다.

특히, 일상 상황에서 언어를 사용할 때 우리는 언어가 전달하고자 하는 것이 무엇인지 판단할 때 맥락에 의지한다. 어떤 미국인이 "7월은 여름철이다" 하고 말하면 진실이지만, 같은 말을 오스트레일리아 사람이 하면 거짓이다. 단어 '여름'은 두 명제 속에서 같은 뜻, 즉 1년 중에서 가장 따뜻한 석 달이라는 뜻이지만,● 이것이 지칭하는 시기는 미국과 오스트레일리아에

●물론 이게 정확한 정의일 수는 없다—옮긴이.

서는 다르다.

다른 예를 들면 '작은 설치류'에서 '작은'이라는 말은 '작은 코끼리'의 '작은'과 (크기 면에서) 뜻이 다소 다르다. 대부분의 사람이 작은 설치류가 작은 동물이라는 것에는 동의하지만, 작은 코끼리는 작은 동물이 아니라고 할 것이다. '작다'라는 단어가 지칭하는 크기의 범위는 그 단어가 적용되는 대상에 따라 상당히 달라질 수 있다.

매일의 삶에서 우리는 세상과 우리의 삶에 대한 일반적인 지식 및 맥락을 이용하여 글이나 말에서 빠진 정보를 채우고 모호함에서 비롯한 잘못된 해석을 제거한다.

예를 들어 다음 명제를 올바로 이해하기 위해서는 맥락을 알아야 한다.

남자는 망원경으로 하늘을 보는 여자를 보았다.

망원경을 가진 사람은 남자인가 여자인가?●

보통 서둘러 급히 쓰기 마련인 신문 머리기사의 모호함은 의도하지 않은 즐거운 오독을 낳는다. 다음은 몇 년 동안 본 것 중 제일 좋아하는 것들이다.

- 자매가 마트에서 줄 서다가 10년 만에 재회
- 성매매 여성들 교황에게 어필
- 시내 중심가에 커다란 구멍이 패여. 고위 당국자 조사에

●원문은 "The man saw the woman with a telescope". 두 가지 해석이 가능하다. "남자는 망원경으로 여자를 보았다." 또는 "남자는 망원경을 가진 여자를 보았다." 여기서는 저자의 의도를 살려 의역하였다. 뒤에 나온 예들도 마찬가지로 의역했다—옮긴이.

착수

- 서울시장 사무기기 가격이 문제라고 언급

모든 단어의 뜻을 정확하게 정의하여, 언어를 체계적으로 정확하게 만드는 건 불가능한 작업이다. 사람들은 배경 지식과 맥락에 의지하면서 언어를 잘 쓰는 편이므로 불필요하기도 하다.

하지만 수학에서는 사정이 다르다. 정확함은 중요하며, 모든 이가 모호함을 제거하는 똑같은 맥락과 배경지식을 갖고 있다고 가정할 수 없다. 더욱이 수학에서 도출된 결과는 과학과 공학에서 빈번히 사용되므로 모호해서 생기는 혼선의 대가는 클 수 있고 치명적이기도 하다.

수학에서 언어의 사용을 충분할 정도로 정확히 만드는 것은 언뜻 보기에는 엄청난 작업처럼 보인다. 다행히도 수학 명제는 특수하며, 대단히 제한된 본성을 지녔기 때문에 이런 작업이 가능하다. 수학에서 모든 중요한 명제는 (혹은 공리, 추측, 예상, 정리) 다음 네 가지 언어 꼴을 긍정하거나 부정한 형태거나

(1) 대상 a는 성질 P를 갖는다.
(2) T 꼴의 모든 대상은 성질 P를 갖는다.
(3) 성질 P를 갖는 T 꼴의 대상이 있다.
(4) 명제 A가 성립하면 명제 B도 성립한다.

이런 꼴의 부분 명제들을 연결하는 단어(연결사) '이고, 또는, ~이 아닌' 등을 써서 단순 조합한 것이다.

예를 들어

(1) 3은 소수다. / 10은 소수가 아니다.
(2) 모든 다항 방정식은 복소근을 갖는다. / 모든 다항 방정식이 실근을 갖는 것은 아니다.
(3) 20과 25 사이에 소수가 있다. / 2보다 크면서 소수인 짝수는 없다.
(4) p가 $4n+1$ 꼴의 소수이면 p는 제곱수 두 개의 합이다.

$4n+1$ 꼴의 소수에 대한 마지막 명제는 가우스의 유명한 정리다.

매일 업무 속에서 수학자들은 "모든 다항 방정식이 실근을 갖는 것은 아니다"라거나 "2를 제외한 짝수는 모두 소수가 아니다"와 같은 형태의 좀 더 매끄러운 변종을 자주 사용한다. 하지만 그게 전부다. '변종'.

모든 수학 명제를 이런 간단한 형태 중 하나를 써서 표현할 수 있다는 것을 처음 깨달은 것은 고대 그리스 수학자들인 것 같다. 이들은 관련된 언어, 즉 **이고, 또는, 아닌, 이면, 모든, 존재하는 것**과 같은 용어들을 구조적으로 연구하였다. 이런 중요 용어에 널리 받아들여지는 의미를 제공했으며, 이들의 행동을 분석했다. 오늘날 이런 형식적인 수학 연구는 **형식 논리**나 **수리 논리**로 알려져 있다.

수리 논리는 잘 수립된 수학 분야로, 대학에서 수학, 컴퓨터 과학, 철학, 언어학에서 연구하며 이용한다.(아리스토텔레스와 이들의 추종자 및 스토아학파 논리학자들이 고대 그리스 때 수행한 원래 연구보다 훨씬 복잡해졌다.)

일부 수학 전환 과정과 강좌 교재는 (졸저 『집합, 함수, 논리』에서 그랬던 것처럼) 수리 논리에서 비교적 기본적인 부분을 훑는 간단한 둘러보기를 포함한다. 하지만 수학적 사고에 능숙해지기 위해 그럴 필요가 있는 것은 아니다.(많은 전문 수학자들이 사실상 수리 논리에 대해 거의 모른다.) 따라서 이 책에서는 엄밀하지만 다소 덜 형식적인 길을 따르겠다.

연습문제 2.1.1

1. $p_1, p_2, p_3, \cdots, p_n, \cdots$ 이 모든 소수의 목록일 때 $N=(p_1 \cdot p_2 \cdot p_3 \cdot \cdots \cdot p_n)+1$ 꼴의 수가 모두 소수는 아님을 어떻게 보일 수 있을까?

2. "남자는 망원경을 들고 하늘을 보는 여자를 보았다"를 남자가 망원경을 든 경우와 여자가 망원경을 든 경우로 나누어 각각 자연스럽게 들리면서도 모호하지 않은 문장으로 써 보라.

3. 앞에서 제시했던 모호한 네 가지 신문 머리기사를, 전형적인 신문 기사의 간결성을 유지하면서도 즐거운 두 번째 의미를 피할 수 있도록 다시 써보라.

(a) 자매가 마트에서 줄 서다가 10년 만에 재회

(b) 성매매 여성들 교황에게 어필

(c) 시내 중심가에 커다란 구멍이 패여. 고위 당국자 조사에 착수.

(d) 서울시장 사무기기 가격이 문제라고 언급

4. 병원 응급실 벽에 다음 공지 사항이 게시돼 있다.

어떤 머리 부상도 사소해서 무시할 수는 없다.●

의도하지 않은 두 번째 의미를 피할 수 있게 다시 써보라.(이 문장의 맥락은 너무나 강하기 때문에 많은 사람이 다른 뜻이 있다는 것을 눈치채지 못한다.)

5. 엘리베이터에 다음 공지 사항이 게시돼 있는 것을 종종 볼 수 있다.

화재 시 엘리베이터를 이용하지 마시오.

이런 문장을 보면 항상 즐겁다. 두 가지 의미를 언급한 뒤 의도하지 않은 두 번째 의미를 피하도록 재진술하라.(이것 역시 이 공지 사항의 맥락에서는 문제가 되지 않는 모호함이다.)

6. 공식 문서의 하단에 다음 문장 하나가 쓰여 있는 걸 제외하고는 비어 있는 경우가 종종 있다.

●원문은 "No head injury is too trivial to ignore." 우리말에서는 이런 식의 표현을 잘 쓰지 않으므로, 다소 어색하게 느낄 수밖에 없다—옮긴이.

이 페이지는 일부러 비워 두었다.

이 문장은 옳은 명제일까? 이런 진술을 하는 목적은 무엇일까? 진실성에 대한 논리적 문제를 피하려면 문장을 어떻게 써야 할까? (이번에도 맥락상으로는 누구나 의도한 뜻을 이해할 수 있고 아무 문제도 없다. 하지만 20세기 초 수학에서 이와 비슷한 문장을 재진술한 명제는 저명한 수학자 한 명의 중요한 연구를 붕괴시켰고, 완전히 새로운 수학 분야에서 중요한 혁명을 이끌었다.)

7. 출판된 문헌 중에서 작가가 의도한 것과 문자적 의미가 (명백히) 다른 문장의 예 (출전도 밝힐 것) 세 가지를 찾아라. (생각보다 훨씬 쉬울 것이다. 모호한 문장은 대단히 흔하다.)

8. "오늘 기온이 뜨겁다"는 문장을 비평하라. 사람들이 이렇게 말하는 것을 늘 들을 수 있고, 누구나 무슨 의미인지 이해한다. 하지만 이렇게 엉성하게 언어를 사용하는 것은 재앙이다.

9. 단어 and가 다섯 차례 연달아 나오지만, 그 다섯 단어 사이에 다른 단어가 끼어 있지 않은 문장을 하나 들고 맥락을 제시하라.(구두점은 사용해도 좋다.)

10. 단어 and, or, and, or, and가 이 순서대로 차례로 나오며, 이들 사이에 다른 단어가 들어가지 않는 문장을 하나 들고 맥락을 제시하라. (이번에도 구두점은 사용해도 좋다.)

2.2 논리 연결사 '이고, 또는, 아닌'

더 정확히 언어를 사용하는 (수학적 맥락 속에서) 첫 단계로 주요한 연결 단어인 '이고, 또는, 아닌'을 정확하고 모호하지 않게 정의하겠다. ('이면, 동치, 모든, 존재하는 것'과 같은 단어들은 좀 더 미묘해서 나중에 다룬다.)

논리 연결사 '이고'

두 주장을 하나로 묶어 둘 다 참이라고 주장해야 할 때가 있다. 예를 들어 π는 3보다 크고, 3.2보다는 작다고 말하고 싶다고 하자. 이때 이고는 없어서는 안 될 단어다.•

완전히 기호로 표현할 필요가 가끔 있기 때문에 축약 기호를 도입한다. 가장 흔히 쓰는 것은 다음과 같다.

$$\wedge, \&$$

이 책에서는 전자를 사용한다. 즉

$$(\pi > 3) \wedge (\pi < 3.2)$$

와 같은 표현은 다음 명제를 가리킨다.

•영어에서는 대체로 and 하나면 이런 표현이 충분하지만, 우리말로 자연스럽게 표현하려면 상황에 맞춰 '과(와), 그리고, 고, 이고, 이며, 하고' 등 다양한 표현을 써야 한다—옮긴이

π는 3보다 크고, π는 3.2보다 작다.

다른 말로 하면, π는 3과 3.2 사이의 수다.

'이고'라는 단어를 쓸 때 혼란이 일어나는 경우는 없다. ϕ와 ψ가 각각 수학 명제면

$$\phi \wedge \psi$$

는 ϕ와 ψ **모두**를 주장하는 (타당한 주장일 수도 있고 아닐 수도 있는) 복합 명제다. 기호 $\wedge$는 **쐐기**라고 부르지만, $\phi \wedge \psi$라는 표현은 보통 'ϕ이고 ψ'라고 읽는다.••

복합 명제 $\phi \wedge \psi$는 (혹은 $\phi \& \psi$) ϕ와 ψ의 (**논리)곱명제**라 부르며, ϕ와 ψ 각각은 복합 명제의 **곱인자**라 부른다.•••

ϕ와 ψ가 모두 참이면 $\phi \wedge \psi$도 참이라는 것에 주목하라. 하지만 ϕ와 ψ 중 하나 혹은 둘 다가 거짓이면 $\phi \wedge \psi$도 거짓이다. 다른 말로 하면 곱명제가 참이기 위해서는 곱인자 모두가 참이어야 한다. 곱명제가 거짓이기 위해서는 하나만 거짓이어도 충분하다.

한 가지 주목할 것은 수학에서 논리곱은 순서에 무관하다는 것이다. 즉 $\phi \wedge \psi$는 $\psi \wedge \phi$와 의미가 같다. 일상생활에서는 항상 그렇지만은 않다. 예를 들면

●●'ϕ와 ψ'라고 읽는 등 역시 우리말에서는 상황에 맞춰 읽는다—옮긴이.

●●●여기에서처럼 수학에서 사용하는 단어와 개념을 논의하기 위해 형식적으로 정의한 용어를 도입하는 것은 흔한 연습이다. 모두 동의한 용어를 사용할 수 없으면 정확성을 도입할 수 없다. 마찬가지로 법률 계약서에는 보통 명시한 다양한 용어의 의미를 풀이한 절이 통째로 들어 있곤 한다.

밥 먹고 텔레비전을 보았다.

는 문장은 다음 문장과 뜻이 다르다.

텔레비전을 보고 밥 먹었다.

수학자들은 두 명제의 곱명제를 표현하기 위해 특별한 기호를 쓸 때가 있다. 예를 들어 실수를 다루는 경우

$$(a<x)\wedge(x\leq b)$$

대신

$$a<x\leq b$$

처럼 쓰는 것이다.

연습문제 2.2.1

---

1. 곱명제라는 수학 개념은 일상 언어에서 '이고'의 의미를 포착하고 있다. 참인가, 거짓인가? 자신의 답을 설명하라.

2. 다음과 같이 기호로 쓴 명제를 표준적인 기호 형태로 가능한 한 간단하게 써라. (표기법에 익숙하지 않은 경우를 위해, 첫 번째 것의 답은 제시하겠다.)

(a) $(\pi > 0) \wedge (\pi < 10)$ 〔답 : $0 < \pi < 10$〕

(b) $(p \geq 7) \wedge (p < 12)$

(c) $(x > 5) \wedge (x < 7)$

(d) $(x < 4) \wedge (x < 6)$

(e) $(y < 4) \wedge (y^2 < 9)$

(f) $(x \geq 0) \wedge (x \leq 0)$

3. 2번 연습문제에서 간단히 만든 명제를 자연스러운 말로 표현하라.

4. 논리곱명제 $\phi_1 \wedge \phi_2 \wedge \cdots \wedge \phi_n$이 참임을 보이려고 한다면, 어떤 전략을 채택하겠는가?

5. 논리곱명제 $\phi_1 \wedge \phi_2 \wedge \cdots \wedge \phi_n$이 거짓임을 보이려고 한다면, 어떤 전략을 채택하겠는가?

6. $(\phi \wedge \psi) \wedge \theta$나 $\phi \wedge (\psi \wedge \theta)$ 중에서 하나가 참이고 다른 것은 거짓일 수 있는가? 아니면 곱명제 사이에는 결합법칙이 성립하는가? 자신의 답을 증명하라.

7. 다음 중 어떤 것이 가장 그럴듯한가?

(a) 앨리스는 로큰롤 스타이고 은행에서 일한다.

(b) 앨리스는 과묵하고 은행에서 일한다.

(c) 앨리스는 과묵하고 내성적이며 은행에서 일한다.

(d) 앨리스는 정직하고 은행에서 일한다.

(e) 앨리스는 은행에서 일한다.

명확한 답이 없다고 믿는다면, 없다고 말하라.

8. 다음 표에서 T는 '참'을 나타내고, F는 '거짓'을 나타낸다. 처음 두 열은 두 명제 ϕ와 ψ가 가질 수 있는 T와 F 값의 가능한 조합을 모두 나열하였다. 세 번째 열에는 ϕ와 ψ에 각각 주어진 T와 F 값에 맞춰 $\phi \wedge \psi$가 갖는 진릿값을 T나 F로 써 넣어야 한다.

ϕ	ψ	$\phi \wedge \psi$
T	T	?
T	F	?
F	T	?
F	F	?

마지막 열을 채워라. 결과로 얻는 표는 '명제의 진리표'의 예다.

논리 연결사 '또는'

명제 A가 참이거나 명제 B가 참이라는 주장을 하고 싶다. 예를 들어

$$a > 0 \text{ 또는 방정식 } x^2 + a = 0\text{이 실근을 갖는다.}$$

와 같은 명제라든지

$$a = 0 \text{ 또는 } b = 0 \text{ 이면, } ab = 0\text{이다.}$$

라고 말하고 싶다.

이렇게 단순한 두 가지 예에서도 모호함이 잠재돼 있음이 드러난다. 이 두 가지 경우에서 '또는'의 뜻이 다르다. 첫 번째 주장에서는 두 가지 경우가 동시에 일어날 가능성은 없다. 두 번째 경우에는 a와 b 모두 0인 것이 가능하다.

하지만 수학에서는 또는처럼 흔하게 이용하는 단어의 뜻에 모호함이 잠재돼 있을 자리가 없으므로 둘 중 하나를 골라야만 한다. 둘 다 포함할 수 있도록 선택하는 것이 더 편리한 것으로 드러났다. 따라서 수학에서 또는이라는 단어를 사용할 경우 항상 포괄적 또는을 뜻한다.● ϕ와 ψ가 수학 명제라면 ϕ 또는 ψ는 ϕ와 ψ 중 적어도 하나가 타당하다는 뜻이다.(포괄적)

또는을 나타낼 때, 기호

$$\vee$$

●둘 중 하나만 성립하는 뜻으로 쓸 때는 '배타적 또는'이라 부른다—옮긴이

를 사용한다. 따라서

$$\phi \vee \psi$$

는 ϕ와 ψ 중 적어도 하나가 성립한다는 뜻이다. 기호 $\vee$는 **vee** 라고도 부르지만, 수학자들은 보통 $\phi \vee \psi$를 'ϕ 또는 ψ'라고 읽는다.

$\phi \vee \psi$를 (논리)합명제라 부르며, ϕ와 ψ 각각은 복합 명제의 합인자라 부른다.

합명제 $\phi \vee \psi$가 참이기 위해서는 ϕ나 ψ 중 하나만 참이면 된다.

예를 들어 다음과 같은 (다소 실없는) 명제는 참이다.

$$(3 < 5) \vee (1 = 0)$$

비록 실없는 예긴 해도, 왜 이 명제가 수학적으로 의미도 있을 뿐만 아니라 실제로도 참인지 확실히 이해하기 위해 잠시 멈춰야 한다. 실없는 예들도 미묘한 개념을 이해하는 데 종종 도움이 되는데, 합명제는 미묘할 수 있기 때문이다.

연습문제 2.2.2

---

1. 다음처럼 기호로 쓴 명제를 표준적인 기호 꼴은 유지한 채 가능한 한 간단히 (기호에 익숙하다는 전제하에) 써라.

(a) $(\pi > 3) \vee (\pi > 10)$

(b) $(x < 0) \vee (x > 0)$

(c) $(x = 0) \vee (x > 0)$

(d) $(x > 0) \vee (x \geq 0)$

(e) $(x > 3) \vee (x^2 > 9)$

2. 연습문제 1번에서 간단히 만든 명제를 자연스러운 언어로 표현하라.

3. 논리합명제 $\phi_1 \vee \phi_2 \vee \cdots \vee \phi_n$이 참임을 보이려고 한다면, 어떤 전략을 채택하겠는가?

4. 논리합명제 $\phi_1 \vee \phi_2 \vee \cdots \vee \phi_n$이 거짓임을 보이려고 한다면, 어떤 전략을 채택하겠는가?

5. $(\phi \vee \psi) \vee \theta$나 $\phi \vee (\psi \vee \theta)$ 중에서 하나가 참이고 다른 것은 거짓일 수 있는가? 아니면 합명제 사이에는 결합법칙이 성립하는가? 자신의 답을 증명하라.

6. 다음 중 어떤 것이 가장 그럴듯한가?

(a) 앨리스는 로큰롤 스타이거나 은행에서 일한다.

(b) 앨리스는 과묵하고 은행에서 일한다.

(c) 앨리스는 로큰롤 스타다.

(d) 앨리스는 정직하고 은행에서 일한다.

(e) 앨리스는 은행에서 일한다.

명확한 답이 없다고 믿는다면, 없다고 말하라.

7. 다음 진리표에서 마지막 열을 채워라.

ϕ	ψ	$\phi \vee \psi$
T	T	?
T	F	?
F	T	?
F	F	?

논리 연결사 '아닌'

많은 수학 명제가 부정, 즉 특정한 명제가 거짓이라는 주장을 포함한다. ψ가 명제일 때

$$\text{비} - \psi$$

는 ψ가 거짓이라는 명제를 말한다. 이를 ψ의 **부정**이라 부른다.

따라서 ψ가 참 명제이면 비-ψ는 거짓 명제이고, ψ가 거짓 명제이면 비-ψ는 참 명제다. 요즘 가장 흔하게 쓰는 약칭 기호는

$$\neg \psi$$

인데, 예전 문서에서는 $\sim\psi$를 쓰기도 했다.

어떤 상황에서는 부정에 대해 특별한 표기를 사용한다. 예를 들어

$$\neg(x=y)$$

대신 더 친숙한 표기법

$$x\neq y$$

를 사용한다. 반면,

$$\neg(a<x\leq b)$$

를 사용하지, 모호한

$$a\not< x\not\leq b$$

를 사용하지는 않는다.(정확한 의미를 줄 수야 있지만, 다소 우아하지 못하므로 수학자들은 사용하지 않는다.)

수학에서 아닌이라는 단어의 사용이 대부분의 용법과 부합하지만, 부정 역시 일상 언어에서는 대단히 느슨하게 사용될 때가 있으므로 주의해야 한다. 예를 들어 다음 명제의 뜻에 대해서는 아무 혼란이 없다.

$$\neg(\pi < 3)$$

당연히 $\pi \geq 3$을 의미하며,

$$(\pi = 3) \vee (\pi > 3)$$

와 같은 뜻을 갖는다. 하지만 다음 명제를 생각해 보자.

모든 외제 차는 잘못 만들었다.

이 명제의 부정은 무엇일까? 예를 들어 다음 중에 있을까?

(a) 모든 외제 차는 잘 만들었다.

(b) 모든 외제 차는 잘못 만들지 않았다.

(c) 최소한 외제 차 한 대는 잘 만들었다.

(d) 최소한 외제 차 한 대는 잘못 만들지 않았다.

(a)를 고르는 것이 초보자들의 흔한 실수다. 하지만 이는 잘못임을 쉽게 알 수 있다. 원래 명제는 분명 거짓이다. 따라서 이 명제의 **부정**은 참이어야 한다. 하지만 (a)가 분명 참은 아니다! (b) 역시 옳지 않다. 따라서 현실적으로 고려할 때 위의 목록에서 옳은 답을 찾아야 한다면 (c) 또는 (d)에서 찾아야 한다는 결론에 이른다.(뒤에 가서 형식적인 논증을 써서 (a)와 (b)를 제거하는

방법을 볼 것이다.)

사실 (c)와 (d) 모두 원래 명제의 부정을 나타낸다고 말할 수 있다.(잘 만든 외제 차가 한 대만 있어도 (c)와 (d) 모두가 사실임을 검증해 주기 때문이다.) 어떤 것이 원래 명제의 부정에 가장 가깝다고 생각하는가?

나중에 이 예로 다시 돌아오겠는데, 당분간 남겨두고 가기 전에 원래 명제는 외제 차에 대해서만 얘기하고 있음을 주목하자. 따라서 이 명제의 부정도 외제 차에 대해서만 얘기해야 한다. 따라서 이 명제의 부정은 국산 차에 대한 언급을 포함해서는 안 된다. 예를 들어 다음 명제

모든 국산 차는 잘 만들었다.

는 원래 명제의 부정일 수 없다. 사실 원래 명제가 참인지 거짓인지 안다고 해도, 위의 명제가 참인지 거짓인지 결정하는 데에는 전혀 도움이 안 된다. 물론 이 맥락에서 국산이 외제의 부정인 건 틀림없지만, 우리는 주장 전체를 부정하는 것이지 주장 속에 나타나는 형용어들을 부정하는 것이 아니다.

이제 수학에서 언어를 사용하기 전에 왜 분석이 중요한지 알았을 것이다. 차에 대한 위의 예에서는 세상에 대한 지식을 이용하여 무엇이 참이고 무엇이 거짓인지 파악할 수 있다. 하지만 수학에 대한 것일 때는 충분한 배경 지식이 없는 경우가 많다. 우리가 쓴 명제가 아는 것의 전부일 수도 있는 것이다.

1. 다음처럼 기호로 쓴 명제를 표준적인 기호 꼴은 유지한 채 가능한 한 간단히 (기호에 익숙하다는 전제하에) 써라.

   (a) $\neg(\pi > 3.2)$

   (b) $\neg(x < 0)$

   (c) $\neg(x^2 > 0)$

   (d) $\neg(x = 1)$

   (e) $\neg\neg\psi$

2. 연습문제 1번에서 간단히 만든 명제를 자연스러운 언어로 표현하라.

3. 부정 $\neg\phi$가 참임을 보이는 것과 ϕ가 거짓인 것을 보이는 것은 같은가? 자신의 답을 설명하라.

4. 다음 진리표에서 마지막 열을 채워라.

ϕ	$\neg\phi$
T	?
F	?

5. '달러화가 강하다'는 명제를 D라고 하고, '원화가 강하다'는 명제를 W라 하고, '미국과 한국이 새로운 무역 협정에 서명했다'

는 명제를 T라 하자. 다음과 같은 (가상의) 신문 머리기사의 주요 내용을 논리 기호로 표현하라.(논리 기호는 진실을 포착하지만, 자연어의 어감이나 암시는 담지 못함에 주목하라.) 자신의 답을 정당화하고 방어할 준비를 할 것.

(a) 달러화와 원화가 모두 강하다.

(b) 달러화 약세 소식에 무역 협정 타결 실패

(c) 새로운 무역협정에 따라 달러화는 약하지만 원화는 강세를 보였다.

(d) 강한 달러화는 약한 원화를 뜻한다.

(e) 새로운 무역협정에도 불구하고 원화는 약세를 보였지만, 달러화는 여전히 강세를 보였다.

(f) 달러화와 원화는 동시에 강세를 보일 수 없다.

(g) 새로운 무역협정에 서명했다면, 달러화와 원화가 둘 다 강세를 보일 수는 없다.

(h) 새로운 무역협정으로도 달러화와 원화의 하락을 막지 못한다.

(i) 한미 무역협정은 타결되지 않았지만, 양국 통화는 여전히 강세를 보였다.

(j) 새로운 무역협정은 어느 한 편에만 좋을 것이지만, 어느 쪽인지는 알 수 없다.

6. 미국 법에서 검찰 측이 유죄를 입증하지 못하면 배심원 재판에서 '무죄' 평결이 주어질 수 있다. 물론 이는 피고 측이 실제로 무죄라는 것을 의미하지는 않는다. 사건에 대한 이런 표현

은 수학적인 의미에서 사용하는 부정의 의미를 정확히 포착하는가?(즉, '무죄'와 '¬유죄'는 같은 것을 의미하는가?) '유죄를 입증하지 못했다'는 것과 '¬유죄 입증'이 같은 뜻인지 묻는 것으로 질문을 바꾸면 어떻게 되는가?

7. $\neg\neg\phi$에 대한 진리표는 ϕ의 진리표와 명백히 같으므로, 두 명제가 주장하는 바의 진위는 동일하다. 일상생활에서 쓰는 부정에 대해서는 항상 그렇지는 않다. 예를 들어 "나는 그 영화가 불만족스럽지 않았다"고 말할 수 있다. 형식적인 부정의 용어를 쓰면 이는 ¬(¬만족)이지만, 여러분이 한 말은 그 영화에 만족했다는 뜻이 아님은 분명하다. 사실 훨씬 덜 긍정적인 것을 의미한다. 우리가 살펴본 형식적 틀 안에서 이런 종류의 언어 사용을 어떻게 담아낼 수 있을까?

2.3 뜻함

새로 배울 것들은 정말로 미묘하다. 여러분의 머릿속에서 개념이 정돈될 때까지 며칠간 혼란스러운 날들을 각오하라.

수학에서 다음과 같은 꼴의 표현을 자주 만난다.

(*) ϕ는 ψ를 뜻한다.

이런 '뜻함'(함의)은 초기 관찰이나 공리들로부터 시작하여 명제를 증명하는 수단을 제공한다. 문제는 (*)와 같은 꼴의 주장의 뜻이 무엇이냐는 것이다.

다음과 같은 뜻을 갖는다고 보는 것은 불합리하지는 않을 것이다.

만일 ϕ가 참이면, ψ 역시 참이어야 한다.

하지만 이런 가능성 있는 의미를 도입하기 위해 법률가들이 단어 쓰듯 주의 깊게 공들여 쓴 것은, 여간해서 손에 잡히지 않을 수 있다는 것을 암시한다.

예를 들어 '$\sqrt{2}$는 무리수다'는 참인 주장을 (나중에 증명할 것이다.) ϕ라고 두고, '$0<1$'이라는 참인 주장을 ψ라 두자. 그러면 (*)는 참일까? 다른 말로 하면, $\sqrt{2}$가 무리수라는 것이 0이 1보다 작다는 것을 뜻하는가? 물론 그렇지 않다. 이 경우 두 명제 ϕ와 ψ 사이에는 의미 있는 연관관계는 없다.

요점은 **뜻함**은 인과성을 수반한다는 것이다. **이고나 또는**의 경우 이는 고려 대상이 아니었다. 서로 완전히 무관한 명제로 곱명제나 합명제를 만드는 것을 막는 것은 없다. 예를 들어 다음과 같은 명제들의 진실성을 결정하는 데는 아무 어려움이 없다.

(줄리어스 시저는 죽었다)$\wedge(1+1=2)$

(줄리어스 시저는 죽었다)$\vee(1+1=2)$

(이번에도 미묘한 점을 설명하기 위해 시시한 예를 사용하고 있다. 수학은 실세계 상황에 자주 사용되기 때문에 수학과 실제 세상이라는 두 개의 영역을 병합하는 진술을 만나기가 쉽다.)

따라서 이고, 또는, 아닌과 같은 단어들에 정확한 의미를 채택할 때는 구성하는 명제의 의미는 무시할 수 있고, 이들의 진릿값에만 (즉, 명제가 참인지 거짓인지) 전적으로 의존해도 좋다.

물론 이 과정에서 매일의 일상 언어와는 다른 뜻을 갖는 용어를 선택해야 했다. '또는'은 '포괄적 또는'임을 명기했으며, 부정을 해석할 때 법정에서 '입증되지 않은'에서 반영하는 최소주의적인 부정의 의미로 채택해야 했다.

뜻함에 대해서도 비슷한 접근법을 채택해야만, 참과 거짓에만 의존하고 모호하지 않은 의미를 갖도록 할 수 있다. 하지만 이번 경우에는 가능한 한 혼란을 피하기 위해서는 훨씬 더 적극적이어야 하고, '뜻한다'와는 다른 용어를 사용해야 한다.

이미 전에 지적한 대로 우리가 'ϕ가 ψ를 뜻한다'라고 말할 때는 ϕ가 어떻게든 ψ의 원인이거나 ψ를 초래해야 한다는 것이 문제다. 이는 ψ의 진위 여부는 ϕ의 진위 여부로부터 나와야 함을 말하지만, 그럼에도 진위 여부를 안다고 해서 '뜻함'이라는 단어의 의미를 완전히 포착하지는 못한다는 것이다. 어림조차 없다. 따라서 정말로 그럴 생각이 아니라면 '뜻한다'는 말을 쓰지 않기로 동의하는 게 좋다.

'뜻한다'는 개념을 두 가지 부분, 진위 여부와 인과 관계 부분으로 분리하는 것이 우리가 채택하는 접근법이다. 진위 여부는 보통 '조건문' 혹은 '실질 조건문'이라 알려져 있다. 따라서 다음과 같은 관계가 성립한다.

$$\text{뜻함} = \text{조건문} + \text{인과성}$$

조건 연산자를 나타낼 때 기호 $\Rightarrow$를 사용하겠다. 따라서

$$\phi \Rightarrow \psi$$

는 'ϕ는 ψ를 뜻한다'의 진위 여부를 나타낸다.

(현대 수리 논리 책에서는 $\Rightarrow$ 대신 한 줄짜리 화살표 $\rightarrow$를 주로 사용하지만, 수학 교육에서 훗날 만날 가능성이 큰 함수 표기법과 혼란이 생기지 않도록 좀 더 구식인 두 줄짜리 화살표를 조건문의 표기법으로 쓰겠다.)

다음과 같은 형태의 표현

$$\phi \Rightarrow \psi$$

는 **조건 표현** 혹은 **조건문**이라 부른다. 조건문에서 ϕ는 **가정**, ψ는 **결론**이라 부른다.●

조건문의 진위 여부는 가정과 결론의 진위 여부를 써서 완전히 정의할 것이다. 즉, 조건 표현 $\phi \Rightarrow \psi$가 참인지 거짓인지는 ϕ와 ψ가 참인지 거짓인지에 따라 완전히 의존할 것이며, ϕ와 ψ 사이에 의미 있는 연관관계가 있는지는 전혀 고려하지 않을 것이다.

●공식 용어는 전건, 후건이지만, 좀 더 친숙한 용어를 쓰기로 한다. —옮긴이

이런 접근법이 유용한 것으로 밝혀지는 이유는 ϕ가 ψ를 뜻한다는 것이 의미도 있고 정말로 뜻하는 경우, 조건문 $\phi \Rightarrow \psi$가 정말로 그런 뜻함에 부합하기 때문이다.

다른 말로 하면, 우리가 정의할 개념 $\phi \Rightarrow \psi$는 진짜로 ϕ가 ψ를 뜻할 경우 이를 온전히 담아낼 것이다. 하지만 이 개념은 ϕ와 ψ 사이에 의미 있는 관련이 없더라도, 이 둘의 진위 여부를 아는 모든 경우를 포괄하도록 확장할 것이다.

'뜻함'이라는 개념에서 대단히 의미심장한 면인 인과관계를 무시하려 하기 때문에 우리의 정의는 아무리 곱게 봐줘도 반직관적으로 드러날 수 있는데, 실제로도 그러하며 심지어는 황당하기까지 할 수도 있다. 하지만 이런 일은 정말로 뜻한다는 의미가 없는 상황으로만 제한될 것이다.

이제 우리는 다음 진리표를 채우는 규칙을 규정하는 작업에 마주치게 됐다.

ϕ	ψ	$\phi \Rightarrow \psi$
T	T	?
T	F	?
F	T	?
F	F	?

첫 번째 규칙은 쉽다. ϕ가 ψ를 뜻한다는 진정 타당한 함의가 있을 경우, ϕ가 참이면 ψ도 참이어야 한다. 따라서 진리표의 첫 번째 줄은 항상 T여야 한다.

ϕ	ψ	$\phi \Rightarrow \psi$
T	T	T
T	F	?
F	T	?
F	F	?

연습문제 2.3.1

1. 진리표에서 두 번째 줄을 채워라.

2. 그렇게 채운 것을 정당화하라.

진리표의 두 번째 줄을 완성하기 전에 (즉, 위 연습문제의 해답을 알려 주려고 하므로, 더 읽기 전에 여러분이 스스로 해보아야 한다.) 첫 번째 줄을 완성할 때 선택한 방식이 어떤 결과를 가져오는지 살펴보자.

$N>7$이라는 명제가 참이라는 것을 안다면, $N^2>40$이 참이라는 결론을 내릴 수 있다. 진리표의 첫 번째 줄에 따르면

$$(N>7) \Rightarrow (N^2>40)$$

은 참이다. 이는 '$N>7$이면 $N^2>40$이다'는 진짜 함의 관계가

타당하다는 것과 모순이 없다.

하지만 만일 ϕ가 '줄리어스 시저는 죽었다'는 참인 명제고 ψ는 '$\pi > 3$'이라는 참인 명제라면 어떻게 될까? 진리표의 첫 번째 줄에 따르면, 조건문

$$(\text{줄리어스 시저는 죽었다}) \Rightarrow (\pi > 3)$$

의 진릿값은 T다.

실생활의 관점에서 물론 줄리어스 시저가 죽었다는 사실과 π가 3보다 크다는 사실 사이에는 아무 관계가 없다. 하지만 그래서 어쨌다는 건가? 조건문은 인과관계라든지, 어떤 종류의 의미 있는 관계도 담아내는 주장이 아니다. 〔(줄리어스 시저는 죽었다)$\Rightarrow$(π>3)〕의 진위 여부가 문제가 되는 것은 조건문($\Rightarrow$)를 함의 관계로 해석할 때만 문제인 것이다. 〔$\phi \Rightarrow \psi$〕의 진릿값을 항상 잘 정의되게 (수학적으로 중요한 성질이다.) 하는 대가로, 조건문을 읽을 때는 정의에 의해서 주어진 것 이상을 읽지 않는 데 익숙해져야만 한다.

이제 조건문의 진리표를 채우는 작업을 계속하자. 만일 ϕ가 참이고 ψ가 거짓이라면, ϕ가 ψ를 진짜로 뜻할 리 없다.(왜일까? 만일 진짜로 뜻한다면, ϕ가 참이라는 사실에서 **자동적으로** ψ가 참이라는 사실이 성립돼야 하기 때문이다.) 따라서 ϕ가 참이고 ψ가 거짓이라면, 진짜 함의 관계인 경우 거짓이어야 한다. 따라서 조건문 〔$\phi \Rightarrow \psi$〕 역시 거짓이어야 하고, 진리표는 다음처럼 생겨야 한다.

ϕ	ψ	$\phi \Rightarrow \psi$
T	T	T
T	F	F
F	T	?
F	F	?

연습문제 2.3.2

1. 진리표에서 세 번째 줄을 채워라.

2. 그렇게 채운 것을 정당화하라.

(머지않아 세 번째 줄과 네 번째 줄을 채울 것이므로, 여러분은 더 읽기 전에 위의 연습문제를 풀어 보아야 한다.)

이 시점에서 여러분은 '뜻한다'는 것에 대한 논의의 처음으로 되돌아가서 지금까지 한 것을 다시 읽어야 한다. 별것도 아닌 것으로 야단법석을 떠는 것처럼 보이겠지만, 이런 논의 전체가 수학의 기본 개념을 정확히 제공하는 전형적인 작업이다.

단순한 데다가 때로는 실없는 예제들을 사용했기 때문에 이 모든 게 무가치한 게임이라는 인상을 줄 수도 있지만, 결과는 무가치한 것과 거리가 한참 멀다. 다음에 비행기를 탈 때면, 여러분의 생명이 달린 비행 조종 소프트웨어가 여기서 논의하는 형식적인 개념인 $\wedge$, $\vee$, $\neg$, $\Rightarrow$를 이용하고 있음에 주목하라. 소프트웨어를 믿을 만한 것은 이 시스템에서 진릿값을 정의할 수 없는 수학 명제를 절대로 만나지 않는다는 이유도 일정 정도 있다. 인간인 여러분은 $[\phi \Rightarrow \psi]$ 꼴의 명제가 의미가 있을 때만 관심을 둔다. 하지만 컴퓨터 시스템은 '의미가 있다'는 개념을 모른다. 참과 거짓이라는 2진 논리만 다룬다. 컴퓨터 시스템에서는 모든 것이 구체적인 진릿값을 가지며 항상 정확히 정의돼야 한다는 것이 중요하다.

일단 인과성 문제를 모두 무시하는 데 익숙해지면, 가정이 참인 경우 조건문의 진릿값은 상당히 쉽다.(쉽지 않다면 되돌아가서 앞서의 논의를 한 번 더 읽어야 한다. 그렇게 권하는 데는 이유가 있다!) 그런데 진리표의 남은 두 줄처럼 가정이 거짓인 경우는 어떨까?

이런 경우를 다루기 위해서는 함의 관계 대신 함의 관계의 부정을 고려해야 한다. "ϕ는 ψ를 뜻하지 않는다"는 명제를

$$\phi \not\Rightarrow \psi$$

라고 쓰기로 하는데 여기에서 인과성은 무시하고 진릿값 부분만 뽑아내서 보자.

ϕ와 ψ 사이에 의미 있는 인과관계가 있는지에 대한 문제는 모두 옆으로 제쳐 두고, 오로지 진릿값에만 집중할 때 언제 "ϕ는 ψ를 뜻하지 않는다"는 것이 타당한 명제라는 것을 확신할 수 있을까? 더 정확히 말해, 명제 $\phi \not\Rightarrow \psi$의 진위 여부가 어떻게 ϕ와 ψ

의 진위 여부에 의존하는 걸까?

진릿값의 용어로 말하면 ϕ는 참이지만 그럼에도 불구하고 ψ가 거짓일 때 ϕ가 ψ를 뜻하지 않는다.

방금 명제를 다시 한 번 읽기 바란다. 한 번 더. 좋다. 이제는 더 나아갈 준비가 됐다.●

따라서 $\phi \not\Rightarrow \psi$를 참으로 정의하는 것은 정확히 ϕ는 참이고 ψ는 거짓인 경우다.

명제 $\phi \not\Rightarrow \psi$의 진위를 정의했으니, 단순히 부정을 취해 $\phi \Rightarrow \psi$의 진위도 얻는다. $\phi \Rightarrow \psi$는 정확히 $\phi \not\Rightarrow \psi$가 거짓일 때 참이다.

이렇게 정의를 탐구하면 다음 결론에 이른다. $\phi \Rightarrow \psi$가 참인 것은 다음 중 어느 하나가 성립하는 경우다.

(1) ϕ와 ψ가 둘 다 참이다.
(2) ϕ는 거짓이고, ψ는 참이다.
(3) ϕ와 ψ가 둘 다 거짓이다.

따라서 완성된 진리표는 다음처럼 생겼다.

ϕ	ψ	$\phi \Rightarrow \psi$
T	T	T
T	F	F
F	T	T
F	F	T

여기서 주목할 점은 다음과 같다.

●다시 생각해 보니, 확인 겸 한 번 더 읽어야 할지도 모르겠다.

(a) 우리는 '뜻한다'가 의미하는 것의 일부만을 담는 (조건문이라는) 개념을 정의하고 있다.
(b) 난관을 피하기 위해, 참이냐 거짓이냐의 개념에만 근거하여 정의한다.
(c) 의미 있는 경우에는 모두 정의가 직관에 부합한다.
(d) 가정이 참일 때의 정의는 진짜 뜻할 때의 진릿값 분석을 근거로 한다.
(e) 가정이 거짓일 때의 정의는 ϕ가 ψ를 뜻하지 않는다는 개념의 진릿값 분석을 근거로 한다.

요약하면, 방금처럼 조건문을 정의하면 진짜 뜻한다는 개념과 모순되지 않는 개념에 그치지 않는다. 오히려 그런 경우들을 포괄하며, 함의 주장이 무관하거나 (가정이 거짓인 경우) 무의미한 경우까지 (가정과 결론 사이에 사실은 관계가 없을 때) 확장한 개념이다. ϕ와 ψ 사이에 관계가 있고 덧붙여 ϕ가 참이어서 의미가 있는 경우, 즉 진리표의 처음 두 줄에 포함되는 경우 조건문의 진릿값은 실제 뜻하는 경우의 진릿값과 같아진다.

조건문이 항상 잘 정의된 진릿값을 갖는다는 사실이 수학에서 중요하다는 것을 기억하라. 수학에서는 (비행기 조종 시스템도!) 진릿값이 정의되지 않은 것들이 배회하게 둘 수 없는 것이다.

1. 다음 중에서 어떤 것이 참이고, 어떤 것이 거짓인가?

   (a) $(\pi^2 > 2) \Rightarrow (\pi > 1.4)$
   (b) $(\pi^2 < 0) \Rightarrow (\pi = 3)$
   (c) $(\pi^2 > 0) \Rightarrow (1 + 2 = 4)$
   (d) $(\pi < \pi^2) \Rightarrow (\pi = 5)$
   (e) $(e^2 \geq 0) \Rightarrow (e < 0)$
   (f) ¬(5는 정수다) ⇒ $(5^2 \geq 1)$
   (g) (반지름이 1인 원의 넓이는 π다) ⇒ (3은 소수다)
   (h) (사각형은 변이 세 개다) ⇒ (삼각형은 변이 네 개다)
   (i) (코끼리는 나무를 탈 수 있다) ⇒ (3은 무리수다)
   (j) (유클리드의 생일은 7월 4일이다) ⇒ (사각형은 변이 네 개다)

2. 연습문제 2.2.3(5)에서처럼 '달러화가 강하다'는 명제를 D라고 하고, '원화가 강하다'는 명제를 W라 하고, '미국과 한국이 새로운 무역협정에 서명했다'는 명제를 T라 하자. 다음과 같은 (가상의) 신문 머리기사의 주요 내용을 논리 기호로 표현하라.(논리 기호는 진실을 포착하지만, 자연스러운 언어의 어감이나 추론은 담지 못함에 주목하라.) 이번에도 자신의 답을 정당화하고 방어할 준비를 할 것.

   (a) 새로운 무역협정은 양국 통화를 강하게 해줄 것이다.

(b) 새로운 무역협정이 타결되면, 원화의 상승이 달러화의 약화를 초래한다.

(c) 새로운 무역협정 후, 달러화는 약하지만 원화는 강하다.

(d) 강한 달러화는 약한 원화를 의미한다.

(e) 새로운 무역협정은 달러화와 원화가 긴밀히 연결될 것임을 의미한다.

3. 다음 진리표를 채워라.

ϕ	$\neg\phi$	ψ	$\phi\Rightarrow\psi$	$\neg\phi\vee\psi$
T	?	T	?	?
T	?	F	?	?
F	?	T	?	?
F	?	F	?	?

참고: ¬ 기호는 산술이나 대수에서 음수 기호 −와 동일한 결속 규칙을 갖는다. 따라서 $\neg\phi\vee\psi$는 $(\neg\phi)\vee\psi$와 마찬가지다.

4. 위 3번의 진리표로부터 어떤 결론을 이끌어낼 수 있는가?

5. 다음 진리표를 채워라. ($\phi \not\Rightarrow \psi$는 $\neg[\phi \Rightarrow \psi]$를 달리 표현한 것임을 기억하라.)

ϕ	ψ	$\neg\psi$	$\phi\Rightarrow\psi$	$\phi\not\Rightarrow\psi$	$\phi\wedge\neg\psi$
T	T	?	?	?	?
T	F	?	?	?	?
F	T	?	?	?	?
F	F	?	?	?	?

6. 위의 진리표로부터 어떤 결론을 이끌어 낼 수 있는가?

함의 관계와 밀접히 연관돼 있는 것이 **동치** 개념이다. 두 명제 ϕ와 ψ가 (논리적으로) **동치**라는 것은 각 명제가 다른 명제를 뜻할 때를 말한다. 조건문의 용어를 써서 유사하면서도 형식적으로 정의한 개념을 **쌍조건문**이라고도 부른다. 쌍조건문은

$$\phi \Leftrightarrow \psi$$

처럼 쓴다. (현대 논리학 교재는 $\phi \leftrightarrow \psi$ 기호를 사용한다.) 쌍조건문은 형식적으로는 다음 곱명제의 축약으로 정의한다.

$$(\phi \Rightarrow \psi) \wedge (\psi \Rightarrow \phi)$$

조건문의 정의를 되돌아보면, 쌍조건문 $\phi \Leftrightarrow \psi$가 참인 것은 ϕ와 ψ 모두 참이거나 모두 거짓인 경우를 뜻하고, $\phi \Leftrightarrow \psi$가 거짓인 것은 ϕ와 ψ 중 정확히 하나만 참이고 다른 하나는 거짓인 경우를 뜻한다.

두 개의 논리 표현식이 쌍조건적으로 동치라는 것을 보이는 한 가지 방법은 진리표가 같다는 것을 보여 주는 것이다. 예를 들어 논리 표현식 $(\phi \wedge \psi) \vee (\neg \phi)$를 생각하자. 다음과 같이 한 열씩 표를 완성할 수 있다.

ϕ	ψ	$\phi \wedge \psi$	$\neg\phi$	$(\phi \wedge \psi) \vee (\neg\phi)$
T	T	T	F	T
T	F	F	F	F
F	T	F	T	T
F	F	F	T	T

마지막 열은 $\phi \Rightarrow \psi$의 진리표에 해당하는 열과 같다. 따라서 $(\phi \wedge \psi) \vee (\neg\phi)$는 $\phi \Rightarrow \psi$와 쌍조건적으로 동치다.

예를 들어 $(\phi \wedge \psi) \vee \theta$처럼 기본 명제가 두 개보다 많은 경우를 (이 경우에는 세 개) 포함하도록 표를 그릴 수도 있는데, n개의 구성 명제가 있으면 진리표는 2^n개의 행을 가지므로 $(\phi \wedge \psi) \vee \theta$만 해도 벌써 여덟 줄이 필요하다!

연습문제 2.3.4

1. 쌍조건문 $\phi \Leftrightarrow \psi$가 참인 것은 ϕ와 ψ 모두 참이거나 모두 거짓인 경우를 뜻하고 $\phi \Leftrightarrow \psi$가 거짓인 것은 ϕ와 ψ 중 정확히 하나만 참이고 다른 하나는 거짓인 경우를 뜻한다고 했던 주장을 증명하기 위해 진리표를 작성하라. (증명을 구성하려면, 이 표에는 $\phi \Leftrightarrow \psi$의 진릿값이 어떻게 유도됐는지 앞의 연습문제들처럼 한 번에 하나씩 보여 주어야 한다.)

2. 다음 명제

$$(\phi \Rightarrow \psi) \Leftrightarrow (\neg \phi \vee \psi)$$

가 ϕ와 ψ의 모든 진릿값에 대해 참임을 보여 주는 진리표를 만들어라. 모든 진릿값이 T인 명제를 **논리적 타당문** 혹은 **항진명제**라 부른다.

3. 다음 명제

$$(\phi \not\Rightarrow \psi) \Leftrightarrow (\phi \wedge \neg \psi)$$

가 항진명제임을 보여 주는 진리표를 만들어라.

4. 고대 그리스인은 수학 명제를 증명하는 기본 추론 규칙을 형식화했다. **긍정논법**(modus ponens)이라 부르는 것으로 ϕ와 $\phi \Rightarrow \psi$를 알면 ψ라는 결론을 내릴 수 있다는 것을 말한다.

(a) 다음 논리 명제에 대한 진리표를 구성하여라.

$$[\phi \wedge (\phi \Rightarrow \psi)] \Rightarrow \psi$$

(b) 구한 진리표로부터 **긍정논법**이 타당한 추론 규칙임을 설명하여라.

5. **2를 법으로 하는 산술**이란 숫자 0과 1만을 가지며, 보통의 산술

규칙에서 하나만 다른 규칙 $1+1=0$으로 바꾼 규칙을 따른다. (디지털 컴퓨터에서 단일 비트에서 행하는 산술이다.) 다음 표를 완성하라.

M	N	$M \times N$	$M+N$
1	1	?	?
1	0	?	?
0	1	?	?
0	0	?	?

6. 위의 연습문제에서 얻은 표에서, T를 1로, F를 0으로 해석하고 M, N을 명제로 해석하라.

   (a) ×에 대응하는 논리 연결사는 ∧, ∨ 중 어느 것인가?
   (b) +에 대응하는 논리 연결사는 어느 것인가?
   (c) ¬은 음수 기호 −에 대응하는가?

7. 위의 연습문제를 반복하되, 이번에는 T를 0으로, F를 1로 해석하라. 어떤 결론을 이끌어 낼 수 있는가?

8. 다음 퍼즐은 심리학자 피터 와슨이 1966년 도입한 것으로, 추론의 심리학에서 가장 유명한 인지실험 중 하나다. 대부분의 사람이 틀린다. (따라서 여러분에게도 경고한다!)
   여러분 앞의 탁자 위에 카드 네 장이 놓여 있다. 한쪽 면에는 알파벳이 쓰여 있고, 다른 쪽 면에는 한 자리 숫자가 써 있다는 (참)말을 들었다. 하지만 당연히 우리는 카드의 한쪽 면밖에 볼

수 없다. 현재

B E 4 7

이 보인다고 하자. 이제 여러분이 보고 있는 카드는 "한쪽 면에 모음이 쓰여 있으면 반대편에는 홀수가 써 있다"는 규칙에 따라 선택했다는 말을 들려준다. 이 규칙이 맞는지 검증하려면 최소한 몇 장의 카드를 뒤집어 보아야 하며, 어느 카드를 뒤집어 보아야 하는가?

'뜻함'과 관련하여 (조건문만이 아니라 진짜 뜻할 때) 수학적 논의에서 만연해 있기 때문에, 즉시 숙달해야 할 용어들이 있다.

함의 명제

ϕ는 ψ를 뜻한다

에서 ϕ는 가정, ψ는 결론으로 불렀다. 다음은 모두 같은 의미다.

(1) ϕ는 ψ를 뜻한다.
(2) ϕ이면 ψ다.
(3) ϕ는 ψ이기에 충분하다.
(4) ϕ는 ψ일 때만 성립한다.

(5) ψ이려면 ϕ여야 한다.

(6) ψ는 ϕ일 때마다 성립한다.

(7) ψ는 ϕ에 필요하다.

처음 네 개는 ψ보다 ϕ를 먼저 언급하는데, 그중 처음 세 개는 명백해 보인다. 하지만 (4)번은 주의를 요한다. ϕ와 ψ의 순서만 보면 (4)와 (5) 사이에 대조를 이룸을 볼 수 있다. 초보자는 '이면'과 '일 때만' 사이의 차이점을 이해하는 데 상당한 어려움에 봉착하기 일쑤다.

마찬가지로 (7)의 '필요하다'라는 단어를 사용할 때도 종종 혼란을 야기한다. ψ가 ϕ에 대해 필요조건이라고 말할 때는 ψ 자체만으로 ϕ를 보장하기에 충분하다는 뜻이 아님에 주목하라. 오히려 이 말은 ϕ가 성립하는지 질문이라도 하려면 그전에 ψ가 성립해야 한다는 말이다. 그러기 위해서는 ϕ는 ψ를 뜻해야만 한다.(이 지점에서도 요점을 확실히 알 때까지 이 구절을 여러 차례 재독해야 한다는 강력한 충고를 하고 싶다. 그러니 최소한 한 번은 더 읽어라!)

다음 도표가 '필요하다'와 '충분하다' 사이의 차이를 기억하는 데 도움이 될 수 있다.

ϕ는 ψ를 뜻한다

↑ ↑

충분 필요

(영어 단어 'sun'을 생각하라. 순서를 기억할 때 도움이 될 것이다.)•

동치성은 양방향의 함의 관계로 나타낼 수 있으므로 위의 논의로부터 다음 말들은 모두 동치다.

• Sufficient(충분), Necessary(필요)의 첫 글자 S, N을 SuN이라는 단어로 기억하라는 것이지만, 우리 독자들에게는 별 도움이 안 된다 — 옮긴이

(1) ϕ는 ψ와 동치다.

(2) ϕ는 ψ를 위해 필요하고 충분하다.

(3) ϕ이면서 그때만 ψ다.

'이면서 그때만'을 흔히 '이면때만'으로 줄여 쓴다.●● 따라서 다음처럼 쓰면

ϕ이면때만 ψ

ϕ와 ψ가 동치임을 의미한다.

좀 더 엄밀히 말하면, 동치인 용어에 대한 위의 논의는 함의와 동치성에 대해 얘기하는 것이지, 이들의 형식적 부분인 조건문과 쌍조건문에 대해 얘기한 건 아니다. 하지만 수학자들은 기호 $\Rightarrow$를 **뜻한다**의 약자로 자주 사용하며, 기호 $\Leftrightarrow$ 를 **동치다**의 약자로 자주 사용하므로, 서로 다른 용어들이 이렇게 형식적으로 정의한 기호와 함께 쓰이는 일이 종종 벌어진다.

이 때문에 초보자들은 항상 혼란스러워하지만, 수학적 훈련이 이런 방식으로 진화했기 때문에 에둘러 가는 방법은 없다. 겉보기에는 허접한 훈련처럼 보이는 것에는 항복하는 것도 전혀 나무랄 일이 아니다. 사실, 기나긴 논의가 필요한 단어의 뜻이나, 일상생활과 동일하지 않은 개념의 형식적 정의를 형식화하는 데 무슨 문제가 있었다면, 수학자들이 문젯거리처럼 보이는 개념을 계속 되풀이하여 쓰지는 않았을 것이다.

전문가들이 이렇게 하는 이유가 있다. 조건문과 쌍조건문이

●●영어로 'if and only if'를 줄여서 'iff'라는 단어를 쓰는데, 지금은 사전에도 등재돼 있다. 옮긴이도 실험적으로 이 책에 한정하여 새로운 말을 만들어 보았다—옮긴이

함의 및 동치 개념과 다른 것은 보통의 수학 훈련 과정에서는 발생하지 않는 상황뿐이다. 실질적인 수학적 맥락에서 조건문은 '정말로' 함의 관계이며, 쌍조건문은 '정말로' 동치 관계다. 따라서 어떨 때 형식적인 개념이 일상생활의 용법과 다른지 알기 때문에, 수학자들은 그냥 넘어가고 다른 것들에 이목을 돌리는 것이다.(컴퓨터 프로그래머나 비행기 조종 시스템을 개발하는 사람에겐 그런 자유가 없다.)

연습문제 2.3.5

1. 다음 두 명제

$$\neg(\phi \wedge \psi) \text{와 } (\neg\phi) \vee (\neg\psi)$$

가 동치임을 보이는 한 가지 방법은 진리표가 같다는 것을 보이는 것이다.

ϕ	ψ	$\phi \wedge \psi$	$\neg(\phi \overset{*}{\wedge} \psi)$	$\neg\phi$	$\neg\psi$	$(\neg\phi) \overset{*}{\vee} (\neg\psi)$
T	T	T	F	F	F	F
T	F	F	T	F	T	T
F	T	F	T	T	F	T
F	F	F	T	T	T	T

*로 표시한 두 열이 동일하기 때문에 두 명제 표현이 동치라는

것을 안다.

따라서 부정은 $\vee$를 $\wedge$로, $\wedge$를 $\vee$로 바꾸는 효과를 낳는다. 이를 증명하는 다른 방법은 첫 번째 명제의 의미를 써서 직접 논증하는 것이다.

1. $\phi \wedge \psi$는 ϕ와 ψ가 둘 다 참임을 의미한다.
2. 따라서 $\neg(\phi \wedge \psi)$는 ϕ와 ψ 둘 다 참인 것은 아니라는 것이다.
3. 둘 다 참은 아니라면, ϕ와 ψ 중 적어도 하나는 거짓이어야 한다.
4. 이는 $\neg\phi$와 $\neg\psi$ 중 적어도 하나는 참이라는 얘기와 마찬가지라는 것은 명백하다.(부정의 정의 때문에)
5. 또는의 의미 때문에 이를 $(\neg\phi) \vee (\neg\psi)$로 표현할 수 있다.

$\neg(\phi \vee \psi)$와 $(\neg\phi) \wedge (\neg\psi)$가 동치임을 보여 주는 유사한 논리적 논증을 제시하여라.

2. 명제 ϕ의 부인(否認)은 $\neg\phi$과 동치인 명제를 의미한다. 다음의 각 명제마다 적절한 부인을 하나씩 제시하라.

(a) 34,159는 소수다.
(b) 장미는 붉고, 제비꽃은 파랗다.
(c) 햄버거가 없으면, 핫도그를 먹겠다.
(d) 프레드는 가겠지만, 놀지는 않을 것이다.
(e) 수 x는 음수거나, 10보다 크다.

(f) 첫 번째 게임 아니면 두 번째 게임을 이길 것이다.

3. 자연수 n이 6으로 나눠떨어지기 위해 다음 조건 중 어떤 것이 필요한가?

   (a) n이 3으로 나눠떨어진다.
   (b) n이 9로 나눠떨어진다.
   (c) n이 12로 나눠떨어진다.
   (d) $n=24$.
   (e) n^2이 3으로 나눠떨어진다.
   (f) n이 짝수이고, 3으로 나눠떨어진다.

4. 위의 연습문제에서 어떤 조건이 n이 6으로 나눠떨어지기 위해 충분한가?

5. 3번 연습문제에서 어떤 조건이 n이 6으로 나눠떨어지기 위해 필요하고, 충분한가?

6. m, n이 두 개의 자연수라고 한다. mn이 홀수이면때만 m과 n이 홀수임을 증명하라.

7. 앞의 질문을 참조할 때, mn이 짝수이면때만 m과 n이 짝수인가?

8. $\phi \Leftrightarrow \psi$가 $(\neg\phi) \Leftrightarrow (\neg\psi)$와 동치임을 보여라. 연습문제 6, 7번의

답과 무슨 관계가 있나?

9. 다음을 설명하는 진리표를 만들어라.

(a) $\phi \Leftrightarrow \psi$

(b) $\phi \Rightarrow (\psi \vee \theta)$

10. 진리표를 이용하여 다음 명제들이 동치임을 증명하라.

(a) $\neg(\phi \Rightarrow \psi)$와 $\phi \wedge (\neg\psi)$

(b) $\phi \Rightarrow (\psi \wedge \theta)$와 $(\phi \Rightarrow \psi) \wedge (\phi \Rightarrow \theta)$

(c) $(\phi \vee \psi) \Rightarrow \theta$와 $(\phi \Rightarrow \theta) \wedge (\psi \Rightarrow \theta)$

11. 위의 연습문제에서 (b)와 (c)에서의 동치 관계를 논리적 논증을 써서 검증하여라.(예를 들어 (b)의 경우, ϕ를 가정하고 $\psi \vee \theta$를 연역하는 것과, ϕ에서 ψ를 연역하는 동시에 ϕ에서 θ를 연역하는 것이 같은 것임을 보여야 한다.)

12. $\phi \Rightarrow \psi$가 $(\neg\psi) \Rightarrow (\neg\phi)$와 동치임을 진리표를 이용하여 증명하여라. $(\neg\psi) \Rightarrow (\neg\phi)$는 $\phi \Rightarrow \psi$의 **대우**라 부른다. 조건문과 대우가 논리적으로 동치라는 사실은 어떤 함의 관계를 증명하기 위해 대우를 검증하는 것도 한 가지 방법이라는 뜻이다. 우리가 나중에 만나게 될 흔한 수학증명 형태다.

13. 다음 명제들의 대우를 써라.

(a) 두 직사각형이 합동이면, 넓이가 같다.

(b) 세 변의 길이가 a, b, c인 (c가 가장 크다.) 삼각형이 직각삼각형이면, $a^2 + b^2 = c^2$이다.

(c) $2^n - 1$이 소수면, n은 소수다.

(d) 원화가 오르면 달러화는 떨어진다.

14. 조건문 $\phi \Rightarrow \psi$의 대우와 조건문의 역 $\psi \Rightarrow \phi$를 혼동하지 않는 게 중요하다. 진리표를 이용하여 $\psi \Rightarrow \phi$의 대우와 역이 동치가 아님을 보여라.

15. 연습문제 13번의 명제 네 개의 역을 써라.

16. 임의의 명제 ϕ와 ψ에 대해 $\phi \Rightarrow \psi$ 또는 이것의 역 $\psi \Rightarrow \phi$가 (혹은 둘 다) 참임을 보여라. 조건문이 함의 관계와 같지 않다는 것을 또 한 번 일깨워 준다.

17. 다음과 같은 명제를

$$\psi\text{인 때 이외에는 }\phi\text{다.}$$

표준 논리적 연결사를 써서 나타내라.

18. 다음 조건문에서 가정과 결론을 각각 식별하라.

(a) 사과가 빨갛다면 먹을 준비가 된 것이다.
(b) 함수 f가 미분 가능한 것은 f가 연속이기 위해 충분하다.
(c) 함수 f가 적분 가능하면 유계다.
(d) 수열 s가 수렴하면 유계다.
(e) 2^n-1이 소수이기 위해 n이 소수일 필요가 있다.
(f) 그 팀은 카를이 뛸 때만 이긴다.
(g) 카를이 뛰면 팀이 이긴다.
(h) 카를이 뛸 때 팀은 이긴다.

19. 앞 연습문제에서 각 조건문의 역과 대우를 써라.

20. "둘 중 하나지만, 둘 다는 아니다"는 뜻에 대응하는 '배타적 또는'을 $\dot{\vee}$로 나타내자. 이 논리 연결사의 진리표를 만들어라.

21. $\phi \dot{\vee} \psi$를 기본 논리 연결사 $\wedge$, $\vee$, $\neg$을 써서 표현하라.

22. 다음 명제들의 쌍 중 어느 것이 동치인가?

(a) $\neg(P \vee Q)$, $\neg P \wedge \neg Q$
(b) $\neg P \vee \neg Q$, $\neg(P \vee \neg Q)$
(c) $\neg(P \wedge Q)$, $\neg P \vee \neg Q$
(d) $\neg(P \Rightarrow (Q \wedge R))$, $\neg(P \Rightarrow Q) \vee \neg(P \Rightarrow R)$

(e) $P \Rightarrow (Q \Rightarrow R)$, $(P \wedge Q) \Rightarrow R$

23. 다음 조건을 만족하는 참인 조건문이 있으면 예를 들어라.

(a) 역이 참이다.

(b) 역이 거짓이다.

(c) 대우가 참이다.

(d) 대우가 거짓이다.

24. 젊은이들이 모이는 파티를 주관하고 있다. 몇 명은 술을 마시고, 몇 명은 청량음료를 마신다. 몇 명은 법적으로 술을 마실 나이지만, 몇 명은 미성년이다. 주류 법을 지켜야 할 책임이 있기 때문에, 각자 탁자 위에 자신의 신분증을 꺼내 놓으라고 하였다. 어떤 테이블에는 젊은이 네 명이 있다. 한 명은 맥주를, 또 한 명은 콜라를 마시고 있지만, 신분증이 뒷면만 보이기 때문에 나이를 알 수 없다. 하지만 남은 두 사람의 신분증은 보이는데, 하나는 미성년이었고 하나는 술을 마셔도 좋은 나이였다. 불행히도 이들은 사이다를 마시는지 보드카를 마시는지 확실치가 않다. 어떤 신분증 및/또는 마실 것을 점검해야 한 명도 법을 위반하지 않는다고 확신할 수 있을까?

25. 위의 질문의 논리 구조와 와슨의 문제를 (연습문제 2.3.4(8)) 비교하라. 이 두 질문에 대한 답을 비평하라. 특히, 각 문제를 풀기 위해 사용한 논리 규칙이 무엇인지 식별하고, 어느 것이 더 쉬운

지, 왜 더 쉽다고 느꼈는지 답하라.

2.4 한정사

수학적 사실을 표현하고 증명하는 기본이며, 수학자들이 정확해야만 하여 서로 관련된 두 가지 **한정사**(양화사)가 더 있다.

존재한다, 모든

한정사라는 단어는 여기서 대단히 특유한 방식으로 사용했다. 통상적으로는 뭔가의 양이나 수효를 구체화하는 것을 뜻하는데, 수학에서는 두 가지 극단, 즉 **적어도 하나 존재한다**와 **모든 것에 대해**를 뜻할 때 사용한다. 이렇게 제한된 용법으로 사용하는 것은 수학적 사실의 특별한 성질 때문이다. 다른 원리나 인생 행로에 사용하는 도구의 모음으로서의 수학과 대별되게 자체를 주제로 볼 경우 수학의 핵심인 정리의 대다수가 다음과 같은 두 가지 꼴 중 하나기 때문이다.

- 성질 P를 갖는 대상 x가 존재한다.
- 모든 대상 x에 대해 성질 P가 성립한다.

한 번에 하나씩 살펴보자. 존재 명제의 가장 간단한 예는 다음과 같다.

방정식 $x^2+2x+1=0$은 실근을 갖는다.

이 주장에서 존재성을 좀 더 구체적으로 강조하려면 다음과 같은 꼴로 다시 쓸 수 있다.

방정식 $x^2+2x+1=0$을 만족하는 실수 x가 존재한다.

수학자들은

……인 x가 존재한다.

를 뜻할 때, 기호

$\exists x \cdots\cdots$

를 사용한다. 이 기호를 사용하면 위의 예를

$$\exists x [x^2+2x+1=0]$$

처럼 쓸 수 있다. 기호 $\exists$는 존재 한정사라 부르는데, '존재한다'를 가리키는 단어 'Exist'의 첫 글자를 좌우로 뒤집어 만든 것임을 짐작할 수 있다.

표현한 조건을 만족하는 대상을 찾는 것이 존재 명제를 증명하는 한 가지 명백한 방법이다. 위의 경우에는 $x=-1$이면 된다.(여기서는 그런 수가 하나밖에 없지만, 하나만 있어도 존재 주장을 만족하기에는 충분하다.)

항상 요구되는 대상을 찾아내서 존재성 주장을 증명하는 것은 아니다. 수학자들에게는 $\exists x P(x)$ 꼴의 명제를 증명하는다른 방법이 있다. 예를 들어 $x^3+3x+1=0$이 실근을 갖는다는 것을 증명하는 한 가지 방법은 곡선 $y=x^3+3x+1$이 연속이고,(직관적으로 곡선의 그래프가 끊어져 있지 않다.) $x=1$일 때는 x-축보다 곡선이 아래에 있고 $x=1$일 때는 x축보다 곡선이 위에 있으므로 (연속성에 의해) 이 두 x 값 사이 어딘가에서 x축과 만나야 한다는 것을 깨닫는 것이다. x축과 만나는 값 x가 주어진 방정식의 근일 것이다. 따라서 실제로 근을 찾지 않고도 해가 존재한다는 것을 증명했다.(이처럼 직관적으로 단순한 논증을 완전히 엄밀한 증명으로 바꾸기 위해서는 상당히 깊은 수학을 적잖이 사용해야 하지만, 방금 설명한 기본 아이디어는 실제로 통한다.)

연습문제 2.4.1

3차 방정식 $y=x^3+3x+1$이 실근은 갖는다는 것을 보일 때 개략적으로 방금 설명한 것과 똑같은 종류의 논증을 '덜컥대는 탁자 정리'를 증명할 때 사용할 수 있다. 여러분이 레스토랑에서 정사각형

식탁 앞에 앉아 있는데, 식탁의 귀퉁이마다 똑같은 다리가 하나씩, 모두 네 개의 다리가 있다고 하자. 바닥이 고르지 못해서 식탁이 덜컥거린다. 식탁이 안정될 때까지 다리 밑으로 작은 종이 한 장을 접어서 끼워 넣는 것이 한 가지 해결책이다. 하지만 다른 해결책이 있다. 그냥 식탁을 돌리다 보면 덜컥거리지 않는 위치가 있다. 이를 증명하라. (경고: 이는 상자 밖에서 생각하기 종류의 문제다. 해답은 간단하지만, 찾아내기 전에 많은 노력이 필요할 수 있다. 시간을 제한하는 시험에서는 공정하지 못한 질문이지만, 올바른 아이디어가 떠오를 때까지 계속 생각하게 만드는 훌륭한 퍼즐이다.)

어떤 명제가 존재성을 주장하는 것인지 바로 명백해 보이지 않을 때가 종종 있다. 사실 겉보기에는 존재 명제처럼 보이지 않다가 무슨 뜻인지 살펴보기 시작하면 정확히 그런 것으로 드러나는 수학 명제가 많다. 예를 들어 명제

$\sqrt{2}$는 유리수다.

는 존재성을 주장한다. 이 명제의 뜻을 풀어 헤쳐서 다음 꼴로 쓰면 보인다.

$\sqrt{2}=p/q$인 자연수 p, q가 존재한다.

존재 한정사 기호를 써서 다음과 같이 쓸 수도 있다.

$$\exists p \exists q (\sqrt{2} = p/q)$$

이는 변수 p, q가 자연수를 가리킨다는 것을 미리 구체화했다면 괜찮은 표현이다. 때로는 작업하는 맥락 속에서 다양한 기호가 가리키는 대상이 어떤 종류인지 누구나 다 아는 경우가 있다. 하지만 그렇지 않은 경우도 상당수다. 따라서 고려 중인 대상의 종류를 구체화하여 한정사 기호를 확장한다. 위의 예는 다음과 같이 쓸 수 있다.

$$(\exists p \in N)(\exists q \in N)(\sqrt{2} = p/q)$$

여기서는 아마도 익숙한 집합론적 기호를 사용했다. N은 자연수(즉, 양의 정수)의 집합을 가리키고, $p \in N$은 'p가 집합 N의 원소(구성원)'임을 뜻한다. 이 책에 필요한 집합론을 부록에 간단히 요약해 놓았으니 참고하라.

위의 식을 $\exists p, q \in N (\sqrt{2} = p/q)$라고 쓰지 않았음에 주목하라. 노련한 수학자들이 이와 같은 표현을 쓰는 것을 종종 보는데, 초보자에게는 절대 추천사항이 아니다. 곧 보겠지만, 대부분의 수학 명제는 여러 개의 한정사를 포함하므로 수학 논증 도중에 이런 표현들을 조작하는 것은 상당히 미묘할 수 있기 때문에, '한정사 하나당 변수 하나'라는 규칙을 고수하는 것이 안전하다. 이 책에서는 대부분 그렇게 할 것이다.

위의 명제 $(\exists p \in N)(\exists q \in N)(\sqrt{2}=p/q)$는 틀린 명제로 판명됐다. 수 $\sqrt{2}$는 유리수가 아니다. 나중에 증명을 제시하겠지만, 그 전에 여러분이 직접 증명하고 싶을지도 모르겠다. 논증은 몇 줄에 불과하지만 기발한 아이디어를 포함한다. 여러분이 찾아내지 못할 가능성이 많은데, 만일 찾아낸다면 그날은 분명 여러분의 날이 될 것이다! 한 시간쯤 시도해 보라.

그건 그렇고, 대학 수학 혹은 더 일반적으로 내가 수학적 사고라 부르는 것에 능숙해지기 위해 필요한 특징 중 하나는 구체적인 문제 하나에 들이는 시간의 양이다. (특히 미국의) 고등학교 수학 과정은 광범위한 교과 과정을 포괄하려는 목적 때문에, 일반적으로 대부분의 문제를 몇 분 내에 풀 수 있도록 만든다. 대학에서는 다루어야 할 대상은 더 적지만, 더 깊게 다루는 것이 목표다. 이는 서서히 더 많이 생각하고, 더 적게 푸는 데에 적응해야 함을 의미한다. 진전이 보이지 않는데 생각한다는 것이 처음에는 좌절스럽기 때문에 힘들게 다가온다. 하지만 이는 자전거 타는 법을 배우는 것과 상당히 비슷하다. 계속 넘어지거나 훈련용 보조 바퀴에 의존하는 오랜 시간 동안에는 절대 '못할 것' 같아 보인다. 그러다 어느 날 갑자기 탈 수 있게 되며, 왜 그렇게 오래 걸렸는지 이해할 수 없게 된다. 하지만 계속 넘어졌던 그 오랜 기간은 여러분의 몸이 자전거 타는 법을 배우기 위해 필요했던 시간이다. 다양한 종류의 문제에 대해 수학적으로 사고하도록 정신을 훈련하는 것도 상당히 비슷하다.

남아 있는 표현 중에 우리가 조사해야 할 것으로 완전히 이해해야 하는 것이 전칭 한정사인데, 모든 x에 대해 어떤 것이 성립한다는 주장을 말한다.

모든 x에 대해 …가 성립한다.

는 것을 뜻할 때, 기호

$$\forall x$$

를 사용한다. A 자를 위아래로 뒤집은 기호 $\forall$는 '모든'을 뜻하는 'All'에서 나왔다.

예를 들어 모든 실수의 제곱이 0보다 크거나 같다는 것을 말하기 위해

$$\forall x(x^2 \geq 0)$$

처럼 쓸 수 있다. 전과 마찬가지로 이번에도 변수 x가 실수를 가리킨다는 것을 사전에 지정했다면 이 정도로도 괜찮다. 물론 보통은 사전에 알 수 있다. 하지만 기호를 명확히 하고 모호하지 않게 하기 위해서는

$$(\forall x \in \boldsymbol{R})(x^2 \geq 0)$$

처럼 바꿀 수 있다. 이런 명제는 "모든 실수 x에 대하여 x^2이 0보다 크거나 같다"고 읽을 수 있다.

수학에 나오는 대부분의 명제는 두 종류의 한정사가 조합돼 있다. 예를 들어 가장 큰 자연수는 없다는 주장에는 두 가지 한정사가 필요하다. 예컨대

$$(\forall m \in N)(\exists n \in N)(n > m)$$

처럼 쓴다. "모든 자연수 m에 대해, $n > m$인 자연수 n이 존재한다"고 읽을 수 있다.

등장하는 한정사의 순서가 대단히 중요할 수도 있다. 예를 들어 위의 명제에서 순서를 바꾸면 다음을 얻는다.

$$(\exists n \in N)(\forall m \in N)(n > m)$$

이는 "모든 자연수보다 큰 자연수가 있다"는 주장으로 명백히 틀린 주장이다![•]

미국 흑색종 재단의 작가가 정성껏 미국인 한 명이 거의 매 시간 흑색종으로 사망한다고 썼을 때와 같은 언어 사용을 피해야 하는 이유가 이제는 분명해졌을 것이다.

$$\forall H \exists A (A\text{는 } H\text{시에 죽는다})$$

라는 뜻이었는데

$$\exists A \forall H (A\text{는 } H\text{시에 죽는다})$$

• 우리말로는 어순을 잘 살려서 보아야 한다. 조금 어색한 대로 표현하면 '모든 자연수 m에 대해 $n>m$이라는 성질을 갖는 어떤 자연수 n이 존재한다'는 뜻이다. 이를 좀 더 자연스러운 말로 해석하면 그렇다는 뜻이다—옮긴이

라고 썼기 때문이다.

연습문제 2.4.2

1. 다음을 존재성 주장으로 표현하라.(기호와 단어를 자유롭게 섞어 써도 좋다.)

   (a) 방정식 $x^3=27$은 자연수 해를 갖는다.

   (b) 1,000,000은 가장 큰 자연수가 아니다.

   (c) 자연수 n은 소수가 아니다.

2. 다음을 (기호와 단어를 사용하여) '전칭' 주장으로 표현하라.

   (a) 방정식 $x^3=28$은 자연수 해를 갖지 않는다.

   (b) 0은 모든 자연수보다 작다.

   (c) 자연수 n은 소수다.

3. 다음을 '사람'에 대한 한정사를 써서 기호 꼴로 표현하라.

   (a) 모두가 누군가는 사랑한다.

   (b) 모든 사람이 크거나 작다.

   (c) 모든 사람이 크거나 모든 사람이 작다.

   (d) 아무도 집에 없다.

(e) 존이 오면, 모든 여자가 떠날 것이다.

(f) 남자가 오면, 모든 여자가 떠날 것이다.

4. 집합 R과 N만을 언급하는 한정사를 써서 다음을 표현하라.

(a) 방정식 $x^2+a=0$은 모든 실수 a에 대해 실근을 갖는다.

(b) 방정식 $x^2+a=0$은 모든 음의 실수 a에 대해 실근을 갖는다.

(c) 모든 실수는 유리수다.

(d) 무리수가 존재한다.

(e) 가장 큰 무리수는 없다.(이건 상당히 복잡해 보인다.)

5. C를 모든 차량의 집합이라 하고, $D(x)$는 x가 국산 차라는 것을 뜻한다고 하고, $M(x)$는 x를 잘못 만들었다는 것을 의미한다고 하자. 이 기호를 사용하여 다음을 기호 꼴로 표현하라.

(a) 모든 국산 차는 잘못 만들었다.

(b) 모든 외제 차는 잘못 만들었다.

(c) 잘못 만든 차는 모두 국산 차다.

(d) 잘못 만들지 않은 국산 차가 있다.

(e) 잘못 만든 외제 차가 있다.

6. 실수 집합에 대한 한정사, 논리 연결사, 순서 관계 $<$, 'x가 유리수'를 뜻하는 기호 $Q(x)$만을 사용하여 다음 명제를 기호로 표현하라.

서로 다른 두 실수 사이에는 유리수가 존재한다.

7. 에이브러햄 링컨의 다음 유명한 문장을 사람과 시간에 대한 한정사를 써서 표현하라.
   "모든 사람을 한동안 속일 수도 있고, 일부 사람을 항상 속일 수도 있지만, 모든 사람을 영원히 속일 수는 없다."

8. 미국의 한 신문에 다음과 같은 머리기사가 실렸다.
   "6초마다 운전자 한 명이 사고에 휘말린다."
   운전자를 나타내는 변수를 x라 하고, 6초 간격을 나타내는 변수를 t라 하며, $A(x, t)$를 x가 t라는 시간 동안 사고에 휘말린다는 성질을 나타낸다고 하자. 머리기사를 논리 기호로 표현하라.

수학과 매일의 삶에서 한정사를 포함하는 명제를 부정할 필요가 생긴다. 물론 명제 앞에 부정 기호를 붙여서 간단히 부정할 수도 있다. 하지만 보통은 그것만으로는 불충분하고, **부정적인** 주장이 아니라 **긍정적인** 주장으로 나타낼 필요가 있다. 내가 제시할 예에서 '긍정적'이라는 것이 무슨 뜻인지 명백하겠지만, 대충 말해서 긍정적인 명제는 **무엇이 아니다**라기보다는 **무엇이다**라는 말을 하는 명제다. 실질적으로 긍정적인 명제는 부정 기호를 포함하지 않거나, 나타내려는 표현을 불필요하게 귀찮게 만들지 않으면서 가능한 한 명제 내부 깊숙이 부정 기호가 들어 있는

것이다.

$A(x)$를 x에 대한 어떤 성질이라고 하자.(예를 들어 $A(x)$는 x가 방정식 $x^2+2x+1=0$의 실근이라는 성질을 가리킨다.) 다음 사실을 보여 주려고 한다.

$$\neg[\forall x A(x)]\text{는 } \exists x[\neg A(x)]\text{와 동치다.}$$

예를 들어,

모든 운전자가 빨간불에 달리는 것은 아니다.

라는 명제는

빨간불에 달리지 않는 운전자가 있다.

라는 문장과 동치다. 이런 익숙한 예에서는 이런 동치 관계가 명백하다. 일반적인 증명도 이렇게 일반적으로 이해한 것을 보편적이고 추상적인 형태로 형식화하는 것에 불과하다. 앞으로 다룰 내용이 완전히 수수께끼 같아 보인다면, 단지 맥락을 벗어난 추상적인 방식으로 추론하는 데 익숙하지 않기 때문이라고 설명할 수 있다. 만일 여러분이 대학 수학 과정을 듣기 위한 준비로 이 책을 통독하는 거라면, 가능한 한 빨리 추상적인 추론에 숙달될 필요가 있다. 반면, 그냥 매일 사용하기 위해 분석적 추론 기량을 개선하려는 게 목적이라면,(물론 추상화에 숙달되는 것이 일상적으로 사용하는 데도 분명 도움을 주긴 하지만) 내가 방금 그랬던 것처럼 구체적이고 단순한 예제를 써서 추상적인 기호들을 대체하고 추론이 의지하는 배경 논리를 강조하여 읽어 나가면 충분하다.

이제 추상적인 검증을 하려고 한다. $\neg[\forall x A(x)]$를 가정하면서 시작하자. 즉, $\forall x A(x)$가 참이 아닌 경우를 가정한다. 모든 x가 $A(x)$를 만족한다는 명제가 참이 아니라면 적어도 한 개의 x는 $A(x)$를 만족하지 않아야 한다. 다른 말로 하면, 적어도 한 개의 x에 대해서 $\neg A(x)$가 참이어야 한다. 기호로는 $\exists x[\neg A(x)]$라 쓸 수 있다. 따라서 $\neg[\forall x A(x)]$로부터 $\exists x[\neg A(x)]$를 유도할 수 있다.

이제 $\exists x[\neg A(x)]$라 하자. 즉, $A(x)$가 성립하지 않는 x가 있어야 한다. 다시 말해 모든 x에 대해 $A(x)$가 성립할 수는 없다. 다른 말로 하면 모든 x에 대해 $A(x)$가 성립한다는 것은 거짓이다. 기호로 쓰면 $\neg[\forall x A(x)]$이다. 따라서 $\exists x[\neg A(x)]$로부터 $\neg[\forall x A(x)]$를 유도할 수 있다.

둘을 모으면, 방금 입증한 두 함의 관계로부터 주장했던 동치관계가 나온다.

연습문제 2.4.3

1. $\neg[\exists x A(x)]$와 $\forall x[\neg A(x)]$가 동치임을 보여라.
2. 일상생활에서 위의 동치관계를 설명하는 예를 들고, 이 예에 국

한한 논증을 써서 검증하라.

이제 국산 차에 대해 다음 명제

모든 국산 차는 잘못 만들었다.

를 부정하라는 앞서의 문제를 적절히 분석할 수 있게 됐다.

이 명제를 연습문제 2.4.2(5)에서의 표기를 써서 형식화하자. 당시 문제의 (a)를 제대로 했다면, 다음처럼 형식화했어야 한다.

$$(\forall x \in C)[D(x) \Rightarrow M(x)]$$

이를 부정하면 다음이 나온다.

$$(\exists x \in C)\neg[D(x) \Rightarrow M(x)]$$

(흔하게 혼동하는 게 한 가지 있다. 왜 $(\exists x \notin C)$라 하지 않는 걸까? '$\in C$' 부분은 우리가 고려해야 할 x가 어떤 종류인지를 말해주는 부분에 불과하다는 것이 답이다. 원래 명제는 국산 차에 대한 것이므로 부정 역시 국산 차에 대한 것이어야 한다.)

이제 다음 부분을 보자.

$$\neg[D(x) \Rightarrow M(x)]$$

이미 이 명제는 다음과 동치라는 것을 보였다.

$$D(x) \wedge [\neg M(x)]$$

따라서 이를 부정한 명제로 (이제는 긍정적인 꼴이다) 다음을 얻는다.

$$(\exists x \in C)[D(x) \wedge (\neg M(x))]$$

말로 표현하면, 국산이면서 잘못 만들지 않은 차가 있다는 것, 즉 잘못 만들지 않은 국산 차가 있다는 것이다.

위에서와 같은 기호 조작을 거치지 않고도, 다음과 같이 동일한 결과를 얻을 수도 있다.

만일 모든 국산 차가 잘못 만든 게 아니라면 적어도 그중 하나는 잘못 만드는 것에 실패한 것이다. 이런 논증은 거꾸로도 성립하므로, 적어도 하나의 국산 차는 잘못 만들지 않았다는 것이 바라는 부정 명제다.

위에서 논의한 문제는 많은 초보자에게 문제를 야기하기 때문에 몇 가지 예를 더 다룰 필요가 있다.

첫 번째 예는 자연수에 대한 것이다. 따라서 모든 변수는 집합 N의 원소를 가리킨다. $P(x)$를 'x가 소수'라는 성질을 가리킨다고 하고, $O(x)$를 'x가 홀수'라는 성질을 가리킨다고 하자. 다음 명제를 생각하자.

$$\forall x[P(x) \Rightarrow O(x)]$$

이는 모든 소수가 홀수라는 명제로 거짓이다.(왜 그런가? 어떻게 증명할까?) 이 명제의 부정은 다음과 같은 (긍정적) 꼴을 갖는다.

$$\exists x[P(x) \wedge \neg O(x)]$$

이런 꼴을 얻기 위해

$$\neg \forall x[P(x) \Rightarrow O(x)]$$

부터 시작하는데, 이는 다음과 동치다.

$$\exists x \neg [P(x) \Rightarrow O(x)]$$

또한 이는

$$\exists x[P(x) \not\Rightarrow O(x)]$$

와 동치이고, 이를 다음처럼 다시 표현할 수 있다.

$$\exists x[P(x) \wedge \neg O(x)]$$

따라서 $\forall$는 $\exists$가 되고, $\Rightarrow$는 $\wedge$가 된다. 즉, 부정을 말로 표현하면 "홀수가 아닌 소수가 존재한다", 혹은 좀 더 평이하게는 "짝수인 소수가 존재한다"로 읽을 수 있다. 물론 이는 참이다.(왜 그런가? 어떻게 증명할까?)

기호적 절차처럼 보이는 것을 통해 내가 한 것은 부정 기호를 차근차근 논리 표현 속으로 이동하며, 논리적 연결사를 적절히 변형한 것이다. 여러분도 짐작하다시피, 이런 종류의 일을 하는 기호 조작 규칙을 적어 내려갈 수 있다. 논리적 추론을 수행하는 컴퓨터 프로그램을 짜고 싶다면 유용한 연습이다. 하지만 현재 우리의 목표는 수학적 사고력을 개발하는 것이다. 기호를 이용한 예들은 (특히 대학 수학과 학생들에게 유용한 방식으로) 단지 이를 달성하기 위한 수단에 불과하다. 따라서 여러분은 모든 문제를 그 문제가 뜻하는 용어로, 자체의 용어를 써서 접근하길 강력히 권한다.

원래 명제를 다음처럼 변형하면

$$(\forall x > 2)[P(x) \Rightarrow O(x)]$$

(즉, 2보다 큰 모든 소수는 홀수라고 읽을 수 있고, 이는 참이다.) 이 명제의 부정은 다음처럼 쓸 수 있는데,

$$(\exists x > 2)[P(x) \wedge \neg O(x)]$$

(즉, 2보다 큰 짝수가 있다) 이는 거짓 명제다.

이 예에서 주목해야 할 한 가지는 한정사 $(\forall x > 2)$가 $(\exists x > 2)$로 바뀌지, $(\exists x \leq 2)$로 바뀌지 않았다는 것이다. 마찬가지로, 한정사 $(\exists x > 2)$를 부정하면 $(\forall x > 2)$이며, $(\forall x \leq 2)$가 아니다. 이런 행동 양식을 보이는 이유를 확실히 이해해야만 한다.

연습문제 2.4.4

---

1. 다음 명제

2보다 큰 짝수 소수가 존재한다.

가 거짓임을 증명하라.

또 다른 예를 들기 위해, 사람에 대해 얘기한다고 하자. 즉, x는 아무개 사람을 나타낸다. $P(x)$를 어떤 스포츠 팀의 선수라는 성질이라 하고, $H(x)$를 건강하다는 성질이라고 하자. 그러면 다음 명제

$$\exists x[P(x) \wedge \neg H(x)]$$

는 건강하지 못한 선수가 있다는 주장이다. 이를 부정하면 다음과 같다.

$$\forall x[\neg P(x) \vee H(x)]$$

이 명제는 보통의 언어로 읽기에는 다소 부자연스럽지만,• ⇒를 정의했던 방식을 이용하면

$$\forall x[P(x) \Rightarrow H(x)]$$

로 다시 쓸 수 있고, 이는 "모든 선수는 건강하다"라고 자연스럽게 읽을 수 있다.

또 다른 수학적 예제를 제시하는데, 여기서는 변수들이 유리수 집합 $\mathbf{Q}$의 원소를 가리킨다. 다음 명제를 생각하자.

$$\forall x[x>0 \Rightarrow \exists y(xy=1)]$$

이는 모든 양의 유리수는 곱셈에 대한 역원을 갖는다는 말로 참이다. 이 명제의 부정은(거짓이어야 한다.) 다음처럼 풀어 나갈 수 있다.

•모든 사람은 스포츠 팀의 선수가 아니거나, 건강하다—옮긴이

$$\neg \forall x[x>0 \Rightarrow \exists y(xy=1)] \Leftrightarrow \exists x[x>0 \wedge \neg \exists y(xy=1)]$$
$$\Leftrightarrow \exists x[x>0 \wedge \forall y(xy \neq 1)]$$

말로 쓰면, $xy=1$을 만족하는 y가 존재하지 않는다는 성질을 갖는 양의 유리수 x가 존재한다는 것으로, 곱셈에 대한 역원이 없는 양의 유리수가 있다는 것이다.

위의 예제들은 한정사의 특징 중에서 체계적으로 발달시킬 수 있을 만큼 꽤 흔한 경우를 설명한다. 한정사를 사용하는 것과 관련하여, 한정사가 지시하는 대상의 모임을 말하는 **한정사의 정의역**이라 부르는 것이 있다. 모든 실수의 집합일 수도 있고, 모든 자연수의 집합일 수도 있으며, 모든 복소수의 집합이나, 다른 것의 모임일 수도 있다.

많은 경우 전체적인 맥락에서 정의역이 결정된다. 예를 들어 실해석학을 공부한다면, 다른 언급이 없는 경우 모든 한정사가 실수를 가리킨다고 봐도 무방하다. 하지만 때로는 논의 중인 정의역이 무엇인지 상당히 직접적으로 제시할 수밖에 없는 경우가 있다.

정의역을 구체적으로 주는 것이 때로는 중요할 수도 있다는 것을 설명하기 위해 다음과 같은 수학 명제를 생각하자.

$$\forall x \exists y(y^2=x)$$

이는 복소수의 집합 $\boldsymbol{C}$가 정의역이면 참이지만, 정의역이 $\boldsymbol{R}$이면 거짓이다.

여러분에게 혼란을 줄 위험이 있지만, 사실 수학자들은 한정사의 정의역에 대한 구체적 언급을 빼먹을 뿐만 아니라 (변수들이 가리키는 것이 무엇인지를 맥락에 맡긴다.) 전칭 한정사인 경우 한정사 자체에 대한 언급을 빼먹기도 한다는 걸 언급해야겠다. 예를 들어

$$(\forall x \in R)[x \geq 0 \Rightarrow \sqrt{x} \geq 0]$$

를 뜻할 때

$$x \geq 0 \Rightarrow \sqrt{x} \geq 0$$

라 쓰는 것이다. 이런 경우를 암시적 한정사라 부른다. 이 책에서는 그런 관례를 이용하지 않겠지만, 암시적 한정사는 꽤 흔하므로 인지하고 있어야 한다.

한정사를 논리 연결사 $\wedge$, $\vee$ 등과 결합하여 사용할 때는 주의해야 한다.

다양하게 발생할 수 있는 함정을 하나 설명하기 위해 논의하는 정의역을 자연수의 집합이라 하자. 'x가 짝수'라는 명제를 $E(x)$라 하고, 'x가 홀수'라는 명제를 $O(x)$라 하자.

명제

$$\forall x[E(x) \vee O(x)]$$

는 모든 자연수 x에 대해, x는 짝수거나 홀수라는 (혹은 둘 다) 말로, 분명히 참이다.

반면 다음 명제

$$\forall x E(x) \vee \forall x O(x)$$

는 거짓이다. 왜냐하면 이 명제는 모든 자연수가 짝수거나, 모든 자연수가 홀수라는 (혹은 둘 다) 주장인데 두 가지 모두 사실이 아니기 때문이다.

따라서 일반적으로 '$\forall x$를 괄호 안으로 이동'할 수 없다. 더 정확히 말하면, 그렇게 할 경우 원래 명제와 동치인 것이 아니라 완전히 다른 명제가 돼 버릴 수 있다.

또한 다음 명제

$$\exists x [E(x) \wedge O(x)]$$

는 거짓인데, 왜냐하면 짝수인 동시에 홀수인 자연수가 존재한다는 주장이기 때문이다. 반면

$$\exists x E(x) \wedge \exists x O(x)$$

는 짝수인 자연수가 존재하며, 홀수인 자연수도 존재한다는 주장이므로 참이다.

따라서 '$\exists x$를 괄호 안으로 이동'하는 것도 원래 명제와 동치

가 아닌 명제가 돼 버릴 수 있다.

위에서 마지막에 준 명제는 곱명제의 양쪽에 같은 변수 x를 이용하고 있지만, 두 곱인자는 따로따로 작용한다는 것을 주목하라.

위에서 한정사를 포함하여 예로 든 모든 명제 사이에 어떤 차이가 있는지 완전히 이해하도록 해야 한다.

논의 도중 원래의 정의역보다 더 작은 모임으로 한정사를 제한하는 일이 많다. 예를 들어 실해석학에서(구체적으로 제시하지 않으면 모든 실수의 집합 $\boldsymbol{R}$이 정의역이다.) '모든 양수'라든지 '모든 음수'에 대해 종종 얘기할 필요가 생기며, 수론에서(구체적으로 제시하지 않으면 모든 자연수의 집합 $\boldsymbol{N}$이 정의역이다.) '모든 소수에 대해서'와 같은 한정사가 있는 것이다.

이런 것들을 다루는 한 가지 방법은 이미 얘기했다. A가 정의역 일부의 모임일 때, 다음 꼴의 한정사를 허용하여 한정사 기호를 확장하는 것이다.

$$(\forall x \in A),\ (\exists x \in A)$$

또 하나의 방법은 표현식에서 한정사가 아닌 부분에서 한정지을 대상을 구체적으로 주는 것이다. 예를 들어 논의 중인 정의역이 모든 동물의 집합이라 하자. 따라서 모든 변수 x는 어떤 동물을 가리키는 것으로 가정돼 있다. 이제 $L(x)$는 'x가 표범이다'를 의미하고, $S(x)$는 'x에 반점이 있다'를 의미한다고 하자. 그러면 "모든 표범에게 반점이 있다"라는 명제는 다음처럼 쓸 수 있다.

$$\forall x[L(x) \Rightarrow S(x)]$$

일상 언어로 문자 그대로 읽으면 "모든 동물 x에 대해, x가 표범이면 x에 반점이 있다"가 된다. 다소 귀찮은 표현처럼 보이지만, 모든 표범의 집합 L에 대해 $(\forall x \in L)$과 같이 확장한 한정사를 사용하는 것보다 이런 수학적 형태를 더 선호하는 것으로 밝혀졌다. 서로 다른 정의역을 지칭하는 한정사를 섞어 쓰면 혼란과 실수가 쉽게 발생하기 때문이다.

초보자들은 "모든 표범에게 반점이 있다"는 원래 명제를

$$\forall x[L(x) \wedge S(x)]$$

로 표현하는 실수를 자주 저지른다. 이 명제를 말로 하면 "모든 동물 x에 대해, x는 표범인 동시에 반점이 있다"는 것으로, 혹은 좀 더 부드러운 명제로는 "모든 동물은 표범이며 반점이 있다"는 것이다. 무엇보다도 모든 동물이 표범은 아니므로, 이 명제는 명백히 그른 명제다.

이런 혼란이 발생하는 부분적 이유는 어쩌면 존재성 명제의 경우 수학이 다르다는 사실 때문일 것이다. 예를 들어 "반점이 있는 말이있다"는 명제를 생각해 보자. 만일 $H(x)$가 'x는 말이다'를 의미한다면, 이 문장은 수학 명제

$$\exists x[H(x) \wedge S(x)]$$

로 번역할 수 있다. 문자 그대로 읽으면 "말이면서 반점이 있는 동물이 존재한다"가 된다. 이를 다음 명제와 비교하라.

$$\exists x[H(x) \Rightarrow S(x)]$$

이는 "동물 중에는 말인 경우 반점을 갖는 것이 있다"는 얘기다. 이 명제는 그다지 많은 뜻을 담고 있지 않으며, 반점이 있는 말이 있다는 말과는 분명 다르다.

기호적 용어로, 다음처럼 변형된 한정사 기호를 쓴 명제는

$$(\forall x \in A)\phi(x)$$

(여기서 기호 $\phi(x)$는 ϕ가 변수 x를 포함하는 명제임을 가리킨다.) 다음과 같은 표현을 줄여 쓴 표현으로 간주할 수 있다.

$$\forall x[A(x) \Rightarrow \phi(x)]$$

단, 여기에서 $A(x)$는 x가 A라는 모임에 속한다는 성질을 가리킨다. 마찬가지로,

$$(\exists x \in A)\phi(x)$$

라는 표기법은 다음을 줄여 쓴 것으로 볼 수 있다.

$$\exists x[A(x) \wedge \phi(x)]$$

한정사가 두 개 이상인 명제를 부정하기 위해서는, 바깥에서 시작하여 안쪽을 향해 한정사를 차례로 부정해 나갈 수 있다. 전체적으로는 부정 기호는 안쪽으로 이동하며 $\forall$를 만날 때마다 $\exists$로 바꾸며, $\exists$를 만날 때마다 $\forall$로 바꾼다. 예를 들어 다음과 같다.

$$\begin{aligned} \neg[\forall x \exists y \forall z A(x, y, z)] &\Leftrightarrow \exists x \neg[\exists y \forall z A(x, y, z)] \\ &\Leftrightarrow \exists x \forall y \neg[\forall z A(x, y, z)] \\ &\Leftrightarrow \exists x \forall y \exists z \neg[A(x, y, z)] \end{aligned}$$

하지만 전에도 말했듯이, 이 책의 목적은 사고 기술을 개발하는 것이지 생각하지 않고도 적용할 수 있는 쿠키 절단 법칙 모음을 배우는 것이 아니다! 사업체 수준의 수학 문제는 보통 상당히 복잡한 진술을 포함한다. 수학자들이 위와 같은 기호 조작을 하여 추후에 자신들의 추론을 점검하는 경우도 있지만, 기호 형태로 번역한 후 기호 조작 절차를 거치기보다는 문제가 뜻하는 것의 용어로 초기의 추론을 한다는 것은 변치 않는 사실이다. 대학 수준의 순수 수학의 기본 목적은 이해임을 기억하라. 고등학교에서 흔히 강조하는 유일한 목적인 풀고 계산하는 것은 부차적인 목적이다. 절차 묶음을 적용하는 것으로는 이해에 도달할 수 없다. 문제를 생각하고, 문제와 함께 일하고, 결국 의미하는 바대로 (바라건대) 해결에 도달하는 것이다.

한 가지 더 유용한 한정사로 다음과 같은 것이 있다.

…를 만족하는 x가 유일하게 존재한다.

이런 한정사를 나타내는 보통 표기법은

$$\exists\,!$$

이다. 이 한정사는 다른 한정사의 용어로 정의할 수도 있다.

$$\exists !x\,\phi(x)$$

는 다음을 줄여 쓴 것으로 보면 되기 때문이다.

$$\exists x[\phi(x) \wedge \forall y[\phi(y) \Rightarrow x = y]]$$

(왜 이 식이 유일하게 존재한다는 것을 나타내는지 확실히 이해해야 한다.)

연습문제 2.4.5

---

1. 다음 명제들을 한정사를 이용하여 기호 꼴로 번역하라. 각각의

경우 괄호 안에 든 것을 정의역으로 가정하라.

(a) 학생들은 모두 피자를 좋아한다.(사람들)

(b) 내 친구 한 명에게는 차가 없다.(사람들)

(c) 어떤 코끼리들은 머핀을 싫어한다.(동물들)

(d) 모든 삼각형은 이등변이다.(모든 기하학적 도형들)

(e) 이 수업을 듣는 학생 몇 명이 오늘 결석했다.(사람들)

(f) 모든 사람이 누군가를 사랑한다.(사람들)

(g) 아무도 모두를 사랑하지는 않는다.(사람들)

(h) 남자가 오면, 모든 여자가 떠날 것이다.(사람들)

(i) 모든 사람은 키가 크거나 작다.(사람들)

(j) 모든 사람이 키가 크거나 모든 사람이 키가 작다.(사람들)

(k) 귀한 돌이 모두 예쁜 것은 아니다.(돌들)

(l) 아무도 날 사랑하지 않는다.(사람들)

(m) 미국 뱀 중 적어도 한 마리에게는 독이 있다.(뱀들)

(n) 미국 뱀 중 적어도 한 마리에게는 독이 있다.(동물들)

2. 다음 중에서 어떤 것이 참인가? 정의역은 괄호 안에 있다.

(a) $\forall x(x+1 \geq x)$(실수)

(b) $\exists x(2x+3=5x+1)$ (자연수)

(c) $\exists x(x^2+1=2^x)$(실수)

(d) $\exists x(x^2=2)$ (유리수)

(e) $\exists x(x^2=2)$ (실수)

(f) $\forall x(x^3 + 17x^2 + 6x + 100 \geq 0)$ (실수)

(g) $\exists x(x^3 + x^2 + x + 1 \geq 0)$ (실수)

(h) $\forall x \exists y(x + y = 0)$ (실수)

(i) $\exists x \forall y(x + y = 0)$ (실수)

(j) $\forall x \exists ! y(y = x^2)$(실수)

(k) $\forall x \exists ! y(y = x^2)$(자연수)

(l) $\forall x \exists y \forall z(xy = xz)$(실수)

(m) $\forall x \exists y \forall z(xy = xz)$(소수)

(n) $\forall x \exists y(x \geq 0 \Rightarrow y^2 = x)$(실수)

(o) $\forall x[x < 0 \Rightarrow \exists y(y^2 = x)]$ (실수)

(p) $\forall x[x < 0 \Rightarrow \exists y(y^2 = x)]$ (양의 실수)

3. 연습문제 1번의 기호 명제 각각을 부정하여 긍정적인 꼴로 써라. 부정한 명제를 자연스러운 언어로 표현하라.

4. 연습문제 2번의 명제 각각을 부정하여, 긍정적인 꼴로 써라.

5. 다음 명제들을 부정하여 답을 긍정적인 꼴로 써라.

(a) $(\forall x \in N)(\exists y \in N)(x + y = 1)$

(b) $(\forall x > 0)(\exists y < 0)(x + y = 0)$ (여기에서 x, y는 실수들이다.)

(c) $\exists x(\forall \epsilon > 0)(-\epsilon < x < \epsilon)$(여기에서 x, ϵ은 실수들이다)

(d) $(\forall x \in N)(\forall y \in N)(\exists z \in N)(x + y = z^2)$

6. 연습문제 2.4.2(7)에서 만난 인용문 "모든 사람을 속일 수도 있

고, 일부 사람을 항상 속일 수도 있지만, 모든 사람을 영원히 속일 수는 없다"를 부정하여 긍정적인 꼴로 써라.

7. 실함수 f가 $x=a$에서 연속이라는 것의 표준 정의는 다음과 같다.

$$(\forall \epsilon > 0)(\exists \delta > 0)(\forall x)[|x-a| < \delta \Rightarrow |f(x)-f(a)| < \epsilon]$$

f가 $x=a$에서 불연속이라는 것의 형식적 정의를 써라. 이렇게 쓴 정의는 긍정적인 꼴이어야 한다.

3.
증명

자연과학에서 진실은 관찰, 측정 및 (황금률인) 실험을 포함하는 경험적 수단으로 입증한다. 수학에서 진실은 명제가 참임을 입증하는 논리적으로 타당한 논증인 **증명**을 구성하여 진실임을 판단한다.

여기서 사용한 단어 '논증(argument)'은 물론 일상생활에서 두 사람 사이에서 의견 차이가 있을 때 논쟁(argument)을 뜻하는 보통의 용법이 아니지만, 좋은 증명은 명시적으로든 암시적으로든 독자가 내세울 반대를 (혹은 반대 논증을) 선제적으로 무력화할 수 있다는 점에서는 관련이 있다. 전문 수학자들이 증명을 읽을 때는, 법률인의 증인 반대 심문을 연상시키는 방식으로 꾸준하게 결점을 탐색하며 찾아다닌다.

증명하는 방법을 배우는 것은 대학 수학의 주요 부분을 이룬다. 몇 주 안에 숙달할 수 있는 것이 아니며, 몇 년씩 걸린다. 수학 명제를 증명한다는 것이 무엇인지, 왜 수학자들은 증명을 중요하게 여기는지 이해하는 것은 짧은 기간에 가능한 것이므로, 여러분이 그 점을 이해하게끔 도우려고 한다.

3.1 증명이란 무엇인가?

진실을 확립하고 상대방과 소통한다는 두 가지 주요 목적을 위해 증명한다.

어떤 명제가 참이라는 것을 확신하는 방법은 증명을 구성하거나 읽는 것이다. 여러분은 어떤 수학 명제가 참이라는 직관을 가질 수는 있지만, 증명하기 전까지 혹은 확신을 줄 만한 증명을 읽기 전까지는 확신할 수 없다.

또한 다른 사람을 확신시킬 필요가 있을 때도 있다. 이 두 가지 목적을 위해, 명제의 증명은 그 명제가 **왜** 참인지 설명해야 한다. 자신이 납득하기 위한 첫 번째 경우에는 논리적으로 타당한 논증이면 보통은 족하고, 나중에 다시 따라갈 수 있다. 남을 설득해야 하는 두 번째 경우에는 더 많은 것이 필요하다. 증명은 수용자가 이해할 수 있는 방식의 설명을 제공해야 하는 것이다. 남을 설득하기 위해 쓴 증명은 논리적으로 타당할 뿐만 아니라 소통에도 성공해야 한다.(복잡한 증명일 때는 수학자가 그 증명을 며칠, 몇 주, 몇 달, 혹은 몇 년 후에도 따라갈 수 있어야 한다는 조건도 중요하므로, 순전히 개인적인 용도로 쓴 증명이라 할지라도 소통할 수 있게 쓸 필요가 있다.)

증명이 목적하는 독자들과 서로 소통하는 설명이어야 한다는 제한은 높은 장벽이다. 너무나 길고 복잡한 증명이어서 그 분야의 전문가 몇 명만이 이해할 수 있는 증명도 있다. 예를 들어 수세기 동안 대부분의 수학자는 $n \geq 3$인 지수에 대해 방정식 $x^n + y^n = z^n$이 x, y, z가 자연수인 해를 갖지 않는다고 믿었거나 최소한 강력한 심증을 보여 왔다. 이 명제는 위대한 프랑스 수학자 페르마(Pierre de Fermat)가 17세기에 예상한 것인데, 1994년 영국 수학자 앤드루 와일즈(Andrew Wiles)가 길고도 극도로 심오한 증명을 구성하고서야 증명이 되었다. 본 저자를 포함해 대부분의 수학자가 와일즈의 증명 자체를 따라갈 만큼 그 분야의 자세한 지식이 부족하긴 하지만, 그 분야의 (해석적 수론) 전문가들을 확신시킬 수 있었고, 그 결과 페르마의 오랜 예상은 이제 정리로 간주되고 있다.(페르마가 발표한 여러 가지 수학명제 중에서 가장 최후까지 증명되지 않고 남아 있었기 때문에 대중에게는 페르마의 마지막 정리로 알려져 있다.)

하지만 페르마의 마지막 정리는 특이한 예외다. 수학에서 대부분의 증명은 증명을 확신할 정도로 이해하는 데 비록 며칠, 몇 주, 몇 달이 걸릴 수는 있지만, 전문 수학자라면 읽고 이해할 수 있다.(이 책에 든 예들은 전형적인 독자가 몇 분, 혹은 한 시간 정도 내에 이해할 수 있는 것을 선택했다. 대학 수학 전공에서 주어지는 예는 기껏해야 몇 시간의 노력으로 이해할 수 있는 것이 보통이다.)

수학 명제를 증명한다는 것은 호의적인 증거를 수집한다는 것을 훨씬 넘는다. 유명한 예를 들어 보자. 18세기 중반 스위

스의 위대한 수학자 레온하르트 오일러(Leonhard Euler)는 2보다 큰 모든 짝수는 소수 두 개의 합으로 표현할 수 있다고 믿는다고 진술했다. 짝수의 이런 성질은 크리스티안 골드바흐(Christian Goldbach)가 편지로 제안한 것이므로 골드바흐의 추측으로 알려지게 됐다. 이 명제를 구체적인 많은 짝수에 대해 점검하는 컴퓨터 프로그램을 돌리는 것도 가능한데, 현재(2012년 7월)까지 1.6×10^{18}(160경)까지의 모든 짝수에 대해 검증되었다. 대부분의 수학자는 이 추측이 옳을 것으로 믿는다. 하지만 아직은 증명되지 않았다.

이 추측을 반증하기 위해서는 두 개의 소수의 합으로 쓸 수 없는 짝수 n을 단 하나만 제시하면 충분하다.

그건 그렇고 수학자들은 골드바흐의 추측을 중요하다고는 여기지 않는다. 알려진 응용이 없으며, 수학 내에서도 중요한 결과도 주지 않는다. 이 추측이 유명해진 것은 이해하기 쉽고, 오일러가 홍보했으며, 해결하려는 어떤 시도도 250년이 넘도록 물리쳤기 때문이다.

학창 시절에 어떻게 들었을지는 모르지만, 어떤 논증이 증명으로 간주되기 위해서 특별히 갖추어야 하는 형태는 없다. 논리적으로 타당한 추론을 써서 명제가 참임을 확증해야 한다는 것이 절대적으로 요구되는 한 가지다. 목표하는 독자들이 약간의 노력으로 추론을 따라갈 수 있을 정도로 잘 표현해야 한다는 것이 중요한 두 번째 요구 조건이다. 전문 수학자들이 목표하는 독자라면 보통 같은 수학 분야에서 전문성을 지닌 교수일 것이고, 학생이나 일반인을 위해 쓴 증명은 일반적으로 설명을 좀 더 제공해야 한다.

이는 자신뿐만 아니라 목표한 독자들을 설득할 수 있는 타당한 논리적 논증이라는 것이 무엇인지 판단할 수 있어야 증명을 구성할 수 있음을 의미한다. 또한 이는 몇 가지 규칙 목록으로 요약할 수 있는 성질의 것이 아니다. 수학 증명을 구성하는 것은 인간 정신에서 가장 창조적인 활동 중 하나며, 상대적으로 소수만이 진정으로 독창적인 증명을 할 능력이 있다. 하지만 적당히 지적인 사람이라면 조금만 노력하면 누구나 기본은 숙달할 수 있다. 그게 여기서 내가 원하는 목표다.

무한히 많은 소수가 존재한다며 2장에서 준 유클리드의 증명은 비범한 통찰력을 요하는 증명의 좋은 예다. 그 논증에는 두 가지 창조적인 아이디어가 들어 있다. 하나는 어떤 지점까지 센 소수가 $p_1, p_2, p_3, \cdots, p_n$일 때 항상 연장할 수 있다는 것을 보이는 (이로부터 우회적으로 소수의 무한성을 증명하는) 전략을 택했다는 것이다. 또 하나는 $(p_1p_2p_3 \cdots p_n)+1$이라는 수를 들여다본 것이었다. 내 생각에는 대부분 결국에는 첫 번째 아이디어는 떠올릴 것 같고, 최소한 나는 그럴 수 있을 거라고 믿고 싶다. (10대 시절 나는 어떤 책에서 그냥 읽었다. 그 책의 저자가 증명을 숨기고 독자들이 스스로 찾게끔 도전시켰더라면 좋았을 것이다.) 하지만 두 번째 창조적인 아이디어는 진짜 천재의 붓놀림이다. 나 역시 그 아이디어에 도달할 수 있을 거라고 생각하고는 싶지만, 정말 그랬을지는 확신하지 못하겠다. 바로 이 때문에 유클리드의 증명이 그토록 만족스러운 것이며, 뛰어난 핵심 아이디어를 향유하는 것이다.

3.2 모순에 의한 증명

'모순에 의한 증명'이라는 강력한 전략을 설명하는 뛰어나고 기민한 증명의 예가 하나 더 있다. 이 명제의 결과는 '정리'라고 이름을 붙이고 '증명'이 뒤따르는 전통적 수학 형태로 제시하려고 한다.• 하지만 이는 스타일의 문제일 뿐이다. 결과를 **정리**라고 부를 수 있고, 이를 증명하는 논증을 **증명**이라 부를 수 있는 것은 논리적으로 타당하며 주장한 결과를 확증하는 논증이기 때문이다. 먼저 논증을 제시한 후 이 논증이 왜 증명으로 작동할 수 있는지 살펴보겠다.

정리. $\sqrt{2}$는 무리수다.

〔증명〕. 반대로 2가 유리수라고 가정하자. 그러면

$$\sqrt{2} = \frac{p}{q}$$

인 자연수 p, q를 찾을 수 있다.(여기에서 p와 q는 공통인수를 갖지 않도록 고른다.) 제곱하면

$$2 = \frac{p^2}{q^2}$$

이므로 정리하면

•정리는 그리스인들의 발명품이므로, theorem이라는 그리스어 단어를 사용한다. 로마인들은 훨씬 실용적인 수학에만 관심이 있었으므로 수학 어휘에서 'theorum'이라는 라틴어 단어는 쓰지 않는다.

$$p^2 = 2q^2$$

이다. 따라서 p^2은 짝수다. $홀수^2$ = 홀수이므로, p는 짝수여야만 한다. 따라서 $p=2r$인 자연수 r이 존재한다. 마지막 식에서 p 대신 바꿔 넣으면

$$(2r)^2 = 2q^2$$

즉,

$$4r^2 = 2q^2$$

을 얻고, 양변을 2로 나누어서 다음을 얻는다.

$$2r^2 = q^2$$

따라서 q^2은 짝수다. 따라서 q도 짝수여야만 한다. 하지만 p도 짝수이고, p와 q는 공통인수를 갖지 않는다고 했으므로 모순에 도달했다. 따라서 $\sqrt{2}$가 유리수라는 원래 가정은 거짓이어야 한다. 다른 말로 하면 $\sqrt{2}$는 무리수여야 하고, 이는 우리가 증명하려고 했던 것이다. □

(증명의 끝을 네모나 다른 기호로 표시하는 것은, 독자들이 처음 읽

을 때는 증명을 쉽게 건너뛰어 수학 문서를 빨리 읽을 수 있게 촉진하기 위한 규약이다.)

많은 교수자들이 수학 증명을 도입할 때 이 정리를 예로 든다. 여러 가지 면에서 뛰어나기 때문에 그러는 것이다.

첫째, 결과 자체가 역사적으로 대단히 중요하다. 고대 그리스인들이 자신들의 수로 측정할 수 없는 기하학적 길이가 있다는 것을 발견하면서 그들의 수학에 위기가 찾아왔다. 수학자들은 2000년이 흘러 19세기 후반이 되어서야 마침내 모든 기하학적 길이 측정에 적합한 수의 개념을 (실수 체계) 개발했다.

둘째, 증명이 매우 짧다.

셋째, 양의 정수에 대한 초보적인 아이디어밖에 사용하지 않는다.

넷째, 대단히 흔한 접근법을 택하고 있다.

마지막으로, 대단히 영리한 아이디어를 사용한다.

접근법부터 설명해 보자. 이 증명은 '모순에 의한 증명'이라 부르는 일반적 방법의 예다. 어떤 명제 ϕ를 증명하고 싶다. 그러기 위해서 $\neg\phi$를 가정하며 시작한다. 그런 후 명백히 거짓인 사실이 성립할 때까지 추론을 사용한다. 보통은 어떤 명제 ψ 및 이의 부정인 $\neg\psi$를 모두 연역하는 모양새를 취한다. 추론 과정이 옳다면, 참인 가정으로부터 거짓 결론을 연역할 방법이 없다. 따라서 원래 가정인 $\neg\phi$는 거짓이어야만 한다. 다른 말로 하면 ϕ는 참이어야 한다.

이 증명은 대우를 이용한 증명의 특수한 경우로 볼 수도 있다. 연습문제 2.3.5(12)에서 보았듯, $\neg\phi \Rightarrow \theta$는 $\neg\theta \Rightarrow \phi$와 동치

다. 모순에 의해 ϕ를 증명하기 위해서는 $\neg\phi$에서 출발하여 거짓인 명제 F를 얻는다. 즉, $\neg\phi \Rightarrow \mathrm{F}$를 보이는 것이다. 그런데 이는 $\mathrm{T} \Rightarrow \phi$의 대우다. 따라서 $\mathrm{T} \Rightarrow \phi$를 증명한 것이다. 따라서 긍정논법에 의해 (연습문제 2.3.4(4)) ϕ는 참이어야 한다.

일단 모순에 의한 증명이라는 아이디어가 편안해지고 $\neg\phi$로부터 모순을 이끌어 내면 왜 ϕ가 증명되는지 알게 되므로 위의 논증에 설득되지 않는 건 불가능하다. 이제는 전체를 한 줄 한 줄 읽어 나가며 "타당하지 않은 줄이 있는가?" 하고 자문하면 된다. 증명의 마지막 줄까지 추론에서 결점을 찾지 못하고 마지막까지 도달했다면 ϕ가 참임을 확신할 수 있다.

$\sqrt{2}$가 무리수라는 증명에서 전체 논증은 짝수 대 홀수라는 문제에 좌우된다. p와 q가 공통인자를 갖지 않는다는 가정은 문제가 아니다. 왜냐하면 모든 분수는 항상 분모와 분자가 (1 이외에는) 공통인수를 갖지 않는 기약분수로 쓸 수 있기 때문이다.

이렇게 짧은 논증을 상당히 길게 논의했다. 하지만 오랜 경험상 많은 초보자가 이 증명을 정말 이해하기 힘들어한다는 것을 안다. 여러분은 이해한다고 생각할지 모르겠지만, 정말로 그럴까? 비슷한 증명을 할 수 있나 보자. 만일 그렇게 할 수 있으면, 일반화할 수 있나 보아야 한다. 여러분은 다음 연습문제를 반드시 시도해 보아야 한다. 하지만 어느 정도 시간을 들일 준비를 하라. 이 책은 문제를 푸는 것에 대한 책이 아니라는 것을 기억해야 한다. 수학적으로 사고하는 법을 배우는 게 목적이다. 따라서 자전거나 스키나 운전하는 법을 배우는 것과 마찬가지로, 여러분 스스로 계속 노력하는 것만이 유일한 방법이다. 답을 들춰 본다거나 다른 사람이 한 것을 보는 것은 도움이 안 된다. 정말이다. 지금 답을 들춰 보면 훗날 비싼 대가를 치를 것이다. 여러분 스스로 풀어 보려고 노력하며 시간을 들이는 데서 가치가 나온다.

연습문제 3.2.1

---

1. $\sqrt{3}$이 무리수임을 증명하라.

2. 모든 자연수 N에 대해 $\sqrt{N}$이 무리수라는 것은 사실인가?

3. 그렇지 않다면, 어떤 N에 대해 $\sqrt{N}$이 무리수인가? '$\sqrt{N}$이 무리수인 것과 필요충분한 조건은 N이 …' 꼴의 결과를 제시하고 증명하라.

모순에 의한 증명은 시작점이 분명하기 때문에 흔한 접근법이다. 어떤 명제 ϕ를 **직접** 증명하는 방법을 얻으려면, ϕ의 핵심을 이루는 논증을 만들어야 한다. 하지만 어디서 시작해야 할까? ϕ로 끝나는 단계의 연쇄를 차근차근 거꾸로 논증하려고 시도하는 것만이 유일한 진행 방법이다. 가능한 시작점은 많이 있을 수 있지만, 목표는 하나며 그 목표에 도달해야만 한다. 이는 대

단히 어려울 수 있다. 하지만 모순에 의한 증명을 쓰면 분명 한 시작점이 있으며, 모순에 도달하기만 하면 그게 어떤 모순이든 증명이 완성된다. 목표 영역이 이처럼 넓기 때문에 보통은 훨씬 더 쉬운 작업이다.

예를 들어 특정한 종류의 방정식이 해를 갖지 않는다는 것처럼 어떤 대상이 존재하지 않는다는 것을 입증할 때 모순에 의한 증명 접근법이 특히나 맞춤이다. 그런 대상이 존재한다고 가정하고 시작한 후, 이렇게 가정한 대상을 이용하여 그른 결과를 이끌어 내거나, 혹은 서로 모순이 되는 명제 쌍을 연역하는 것이다. $\sqrt{2}$가 무리수라는 증명이 좋은 예다. 왜냐하면 몫이 $\sqrt{2}$와 같아지는 자연수의 쌍 p, q가 존재하지 않는다는 것을 증명하는 것이기 때문이다.

3.3 조건문 증명하기

쿠키 절단기는 없지만, 증명을 구성하는 틀에 짜인 접근법 및 몇 가지 지침은 있으며, 그중 두 가지를 보았다. 모순에 의한 증명은 명백한 시작점이 없을 때 좋은 접근법이며, 특히 존재하지 않는다는 명제를 증명할 때 유용한 방법이었다. 물론 증명을 구성하는 일은 여전히 남는다. 이런 접근법은 명백한 출발점이 없는 좁은 골대 대신 출발점을 알며 훨씬 넓은 골대로 바꾼 것에 불과하기 때문이다. 하지만 로버트 프로스트(Robert Frost)가 가는 길처럼• 이런 선택이 명백한 차이점을 낳는다.

•미국의 시인으로 시 「가지 않은 길(The Road Not Taken)」(1916)이 유명하다. 김종길의 번역은 '노랗게 물든 숲 속 두 갈래 길을 다 가 보지 못할 일이 서운하여서'로 시작한다 — 옮긴이.

몇 가지 지침이 더 있다. 그중 몇 가지를 말하려고 하는데, 이런 것들은 틀이 아님을 기억해야 한다. 증명을 구성하는 고정틀을 계속 찾으려 할수록 심각한 문제를 만날 것이다. 새로운 문제마다 증명하고 싶은 명제를 분석하면서 시작해야 한다. 이 명제는 정확히 무슨 말인가? 이 주장을 입증하기 위해 어떤 종류의 논증을 해야 하는가?

예를 들어 다음과 같은 조건문

$$\phi \Rightarrow \psi$$

을 입증하고 싶다고 하자. 조건문의 정의에 의해 ϕ가 거짓이면 이 명제는 분명 참이다. 따라서 ϕ가 참인 경우만 생각하면 된다. 즉, ϕ가 성립한다고 **가정**할 수 있다. 그러면 이 조건문이 타당하기 위해서는 ψ도 참이어야 한다.

따라서 ϕ가 참이라는 가정을 이용하여 ψ가 참이라는 것을 설명하는 논증을 제시해야만 한다. 이는 물론 함의에 대한 통상적인 이해와도 일치한다. 따라서 조건문을 **증명**하는 한 조건문과 진짜 뜻함 사이의 차이에 대해 우리가 논의했던 문제는 발생하지 않는다.

구체적인 예를 들기 위해 임의로 주어진 두 실수 x, y에 대해

$$(x\text{와 } y\text{가 유리수}) \Rightarrow (x + y\text{가 유리수})$$

를 증명하고 싶다고 하자. 우리는 x와 y가 유리수라고 가정하며

시작한다. 그러므로 $x=\frac{p}{m}$, $y=\frac{q}{n}$ 인 정수 p, q, m, n을 찾을 수 있다. 그러면

$$x+y=\frac{p}{m}+\frac{q}{n}=\frac{pn+qm}{mn}$$

이다. $pn+qm$과 mn이 정수이므로, $x+y$가 유리수라는 결론을 얻는다.

따라서 명제가 증명됐다.

연습문제 3.3.1

---

r, s가 무리수라고 하자. 다음 각각에 대해 주어진 수가 반드시 무리수인지 대답하고, 그 답을 증명하라. (마지막 것이 특히 멋지다. 머지않아 해답을 주겠지만, 반드시 그전에 시도해 보아야 한다.)

1. $r+3$
2. $5r$
3. $r+s$
4. rs
5. $\sqrt{r}$
6. r^s

한정사를 포함하는 조건문은 대체로 $\phi \Rightarrow \psi$와 $(\neg\psi) \Rightarrow (\neg\phi)$가 동치임을 이용하여 **대우를 증명**하는 것이 가장 좋다.

예를 들어, 미지의 각도 θ가 주어졌다고 할 때 다음 조건문을

증명하려고 한다고 하자.

$$(\sin\theta \neq 0) \Rightarrow (\forall n \in N)(\theta \neq n\pi)$$

이 명제는 다음과 동치이므로

$$\neg(\forall n \in N)(\theta \neq n\pi) \Rightarrow \neg(\sin\theta \neq 0)$$

긍정적인 꼴로 줄이면 다음이 나온다.

$$(\exists n \in N)(\theta = n\pi) \Rightarrow (\sin\theta = 0)$$

이 함의 관계가 옳다는 것은 안다. 따라서 동치 관계의 뜻에 따라 원래의 함의 관계도 참임을 증명한다. (어떤 명제를 증명하기 위해서는 동치인 명제를 증명하면 충분하다.)

쌍조건문 (동치) $\phi \Leftrightarrow \psi$를 증명하기 위해서는 보통 두 개의 조건문 $\phi \Rightarrow \psi$ 및 $\psi \Rightarrow \phi$를 증명한다. (왜 이걸로 충분할까?)

하지만 많은 경우 $\phi \Rightarrow \psi$ 및 $(\neg\phi) \Rightarrow (\neg\psi)$를 증명하는 것이 더 자연스러운 편이다. (왜 이거면 될까?)

연습문제 3.3.2

---

1. $\phi \Rightarrow \psi$ 및 $\psi \Rightarrow \phi$를 증명하면, 왜 $\phi \Leftrightarrow \psi$가 참임을 증명한 것인

지 설명하라.

2. $\phi \Rightarrow \psi$ 및 $(\neg\phi) \Rightarrow (\neg\psi)$를 증명하면, 왜 $\phi \Leftrightarrow \psi$가 참임을 증명한 것인지 설명하라.

3. 다섯 명의 투자자가 200만 달러의 보수를 나누려고 할 때, 적어도 한 명의 투자자는 40만 달러를 받게 됨을 증명하라.

4. 다음 조건 명제의 역을 써라.

   (a) 달러화가 하락하면, 원화는 오른다.
   (b) $x < y$ 이면 $-y < -x$이다.(실수 x, y에 대해)
   (c) 두 삼각형이 합동이면 넓이가 같다.
   (d) 이차방정식 $ax^2 + bx + c = 0$은 $b^2 \geq 4ac$일 때마다 해를 갖는다. (여기에서 a, b, c, x는 실수를 가리키며 $a \neq 0$이다.)
   (e) $ABCD$가 4변형이라고 하자. $ABCD$의 마주보는 변끼리 서로 길이가 같으면, 마주보는 각끼리도 서로 같다.
   (f) $ABCD$가 4변형이라고 하자. $ABCD$의 네 변의 길이가 모두 같으면, 네 각이 모두 같다.
   (g) n이 3으로 나눠떨어지지 않으면 $n^2 + 5$는 3으로 나눠떨어진다.(n은 자연수)

5. 첫 번째 예만 제외하고, 앞 연습문제의 어떤 명제가 참인지, 또 어떤 명제의 역이 참인지, 어떤 것들이 동치인지 답하라. 자신의

답을 증명하라.

6. m과 n을 정수라 하자. 다음을 증명하라.

   (a) m과 n이 짝수면, $m + n$도 짝수다.
   (b) m과 n이 짝수면, mn은 4로 나눠떨어진다.
   (c) m과 n이 홀수면, $m + n$은 짝수다.
   (d) m과 n 중 하나가 짝수고 다른 하나가 홀수면, $m + n$은 홀수다.
   (e) m과 n 중 하나가 짝수고 다른 하나가 홀수면, mn은 짝수다.

7. "정수 n이 12로 나눠떨어질 필요충분조건은 n^3이 12로 나눠떨어지는 것이다"라는 명제를 증명하거나 반증하여라.

8. 아직 연습문제 3.3.1(6)을 풀지 못했다면, $s = \sqrt{2}$라는 힌트를 써서 다시 시도해 보라.

3.4 한정사 명제를 증명하기

존재 명제 $\exists x A(x)$를 증명하는 가장 명백한 방법은 $A(a)$인 대상 a를 찾는 것이다. 예를 들어 무리수가 존재한다는 것을 증명하기 위해서는 $\sqrt{2}$가 무리수라는 것을 증명하면 충분하다. 하지만 간접적인 경로를 택해야 할 때가 간혹 있다. 예를 들어 나중을 기약했던 연습문제 3.3.1의 마지막 문제가 그런 경우다. 이제 때가 왔다.(아직 증명하지 못했으면 더 읽기 전에 한 번 더 시도해 보는 것이 좋다.)

정리. r^s가 유리수인 무리수 r, s가 존재한다.

〔증명〕. 두 가지 경우를 생각한다.

경우 1. $\sqrt{2}^{\sqrt{2}}$가 유리수라면, $r = s = \sqrt{2}$라 두어 정리가 증명된다.

경우 2. $\sqrt{2}^{\sqrt{2}}$가 무리수라면, $r = \sqrt{2}^{\sqrt{2}}$, $s = \sqrt{2}$라 잡으면

$$(\sqrt{2}^{\sqrt{2}})^{\sqrt{2}} = (\sqrt{2})^{\sqrt{2}\cdot\sqrt{2}} = (\sqrt{2})^2 = 2$$

이므로 이번에도 정리가 증명된다.

위 정리에서 두 가지 경우 중 어떤 것이 성립하는지는 모른다는 것에 주목하라.● r^s가 유리수인 구체적인 무리수 r, s를 제시하지 않았다. 다만 그런 쌍이 있다는 것만 보였다.●● 이 증명은 경우를 나눠 증명하기의 예로, 역시 유용한 기교다.

다음으로는 전칭 명제 $\forall x A(x)$를 증명하는 법을 들여다보자.

●실제로는 $\sqrt{2}^{\sqrt{2}}$가 무리수라는 사실은 증명돼 있지만, 상당히 길고 복잡한 논증을 거쳐야 한다 — 옮긴이.

●●$r=\sqrt{2}$, $s=\log_2 9$라 하면, $r^s=3$이므로 증명이 된다. log를 아는 독자라면 s가 무리수임을 보이는 것은 비교적 쉬우므로 연습문제로 남긴다 — 옮긴이.

임의의 x를 택한 후 반드시 $A(x)$를 만족해야만 함을 보이는 것이 한 가지 방법이다. 예를 들어 다음 주장을 증명하고 싶다고 하자.

$$(\forall n \in N)(\exists m \in N)(m > n^2)$$

이는 다음처럼 증명할 수 있다.

n을 임의의 자연수라 하자. 그러면 n^2은 자연수다. 따라서 $m = n^2 + 1$도 자연수다. $m > n^2$이므로

$$(\exists m \in N)(m > n^2)$$

이 증명된다.

원래 잡은 n이 임의의 자연수였으므로 증명이다. 우리는 n에 대해 아무 얘기도 하지 않았고, 아무 자연수나 가능했다. 따라서 이 논증은 N 내의 모든 n에 대해 타당하다. 이는 특정한 n을 고르는 것과는 다르다. 무작위로, 예를 들어 $n = 37$을 골랐다면 증명으로 타당하지 않다.(설령 n을 대단히 무작위로 골랐다 해도 그렇다.) 예를 들어 다음과 같은 명제를 증명하고 싶다고 하자.

$$(\forall n \in N)(n^2 = 81)$$

무작위로 n을 고를 때 하필 $n=9$를 고를 수도 있다. 하지만 그렇다고 해서 명제가 증명되는 것은 물론 아니다. 무작위로

(비록 최소한 우리의 목적하에서는 불행한 수를) 골랐지만, **특정한** n을 고른 것이지 **임의의** n을 고른 것이 아니기 때문이다.

실제에 있어 "n을 임의라 하자"라고 시작하는 증명에 해당하는데, 우리는 증명 내내 n이라는 기호를 사용할 때 n의 값은 변하지 않는 것으로 간주하지만 n이 어떤 값인지에 대해서는 아무 제한도 하지 않는다.

$\forall xA(x)$ 꼴의 명제는 때로는 모순에 의한 방법으로 증명한다. $\neg\forall xA(x)$를 가정하면 ($\neg\forall xA(x)$가 $\exists x\neg A(x)$와 동치이므로) $\neg A(x)$인 x를 얻는다. 이제 시작할 곳이 생겼다. 끝날 곳을 (즉, 모순을) 찾는 것이 힘들다.

연습문제 3.4.1

1. "모든 새는 날 수 있다"라는 명제를 증명 혹은 반증하라.

2. $(\forall x, y \in R)[(x-y)^2 > 0]$이라는 주장을 증명 혹은 반증하라.

3. 서로 다른 두 유리수 사이에 다른 유리수가 존재함을 증명하라.

4. 다음 중 어떤 것이 참이고 어떤 것이 거짓인지 말하고, 여러분의 판단을 **증명**으로 뒷받침하라.

   (a) $x+y=y$인 실수 x, y가 존재한다.

(b) $\forall x \exists y(x+y=0)$ (여기에서 변수 x, y는 실수)

(c) $(\exists m \in N)(\exists n \in N)(3m+5n=12)$

(d) 모든 정수 a, b, c에 대해, bc가 a로 나누어떨어지면, b가 a로 나누어떨어지거나 c가 a로 나누어떨어진다.

(e) 연속하는 다섯 개 정수의 합은 5로 나누어떨어진다.

(f) 모든 정수 n에 대해 n^2+n+1 은 홀수다.

(g) 서로 다른 두 유리수 사이에 다른 유리수가 존재한다.

(h) 실수 x, y에 대해 x가 유리수고 y가 무리수면, $x+y$는 무리수다.

(i) 실수 x, y에 대해 $x+y$가 무리수면, x와 y 중 적어도 하나는 무리수다.

(j) 실수 x, y에 대해 $x+y$가 유리수면, x와 y 중 적어도 하나는 유리수다.

5. m^2+mn+n^2이 완전제곱수인 정수 m, n이 존재한다는 주장을 증명하거나 반증하라.

6. 임의의 양의 정수 m에 대해 $mn+1$이 완전제곱수인 양의 정수 n이 존재한다는 것을 증명하라.

7. 모든 양의 정수 n에 대해, 양의 정수 b, c를 계수로 갖는 2차식 $f(n)=n^2+bn+c$ 중에서 $f(n)$이 합성수인(즉, 소수가 아닌) 것이 존재함을 보여라.

8. 모두가 한 직선 위에 있지는 않은 평면 위의 유한 개의 점의 모임에 대해, 그중 세 개를 꼭짓점으로 하는 삼각형 중에서 다른 점은 내부에 포함되지 않는 것이 존재함을 증명하라.

9. 2보다 큰 모든 자연수가 서로 다른 소수 두 개의 합이라면 (골드바흐의 추측), 5보다 큰 모든 홀수 자연수는 소수 세 개의 합임을 증명하라.

전칭 한정사를 포함하는 명제를 증명하는 다른 가능성도 있다. 특히 한정사가 모든 자연수에 대해 정의된 다음 꼴의 명제

$$(\forall n \in N)A(n)$$

은 귀납법이라 알려진 방법으로 증명하는 경우가 종종 있다.

3.5 귀납적 증명

수론은 수학에서 가장 중요한 분야의 하나로 자연수 1, 2, 3, …의 성질을 연구한다. 수론에서 나오는 기본적인 주제를 다음 장에서 몇 가지 살펴보겠지만, 여기서는 귀납적 증명의 좋은 예를 제공한다. 예를 들어 모든 자연수 n에 대해 다음을 증명하

고 싶다고 하자.

$$1+2+\cdots+n=\frac{1}{2}n(n+1)$$

첫 단계로 자연수에 대해 성립하는지 처음 몇 가지 경우를 점검해 볼 수 있다.

$n=1 : 1=\frac{1}{2}(1)(1+1)$. 양변 모두 1이다. 맞음.
$n=2 : 1+2=\frac{1}{2}(2)(2+1)$. 양변 모두 3이다. 맞음.
$n=3 : 1+2+3=\frac{1}{2}(3)(3+1)$. 양변 모두 6이다. 맞음.
$n=4 : 1+2+3+4=\frac{1}{2}(4)(4+1)$. 양변 모두 10이다. 맞음.
$n=5 : 1+2+3+4+5=\frac{1}{2}(5)(5+1)$. 양변 모두 15다. 맞음.

한두 가지 경우를 더 해 본 후 모두 옳다는 걸 확인하고 나면, 정말로 모든 n에 대해 공식이 성립한다는 심증이 들 것이다. 하지만 실례를 길게 확증하더라도 그 자체로는 증명이 아니다.

예를 들어 $n=1, 2, 3, \cdots$에 대해 다항식 $P(n)=n^2-n+41$의 값을 조사해 보자. 계산하는 모든 값이 소수라는 걸 알게 될 것이다. $n=41$에 이를 때까지 말이다. 사실 $n=1$부터 $n=40$까지 $P(n)$은 사실 소수지만, $P(41)=1681=41^2$이다. 이렇게 특별하게 소수를 만들어 내는 다항식은 1772년 오일러가 발견했다.

반면 자연수의 합에 대한 식을 점검했던 일련의 계산은 단순한 수의 일치 이상의 것을 준다. 하나씩 하나씩 계산해 가다 보면 패턴을 감지하기 시작한다. 직관적으로는 퍽 큰 수까지 원하는 결과가 성립한다는 것을 보이더라도 우리가 보여야 할 것을 한 단계 더 증명할 수 있어 보인다. 이를 정확히 해보자.

〔수학적 귀납법에 의한 증명법〕 다음과 같은 꼴의 명제

$$(\forall n \in N)A(n)$$

를 수학적 귀납법으로 증명하기 위해서는 다음 두 가지 명제를 검증한다.

(1) $A(1)$ (첫 번째 단계)

(2) $(\forall n \in N)[A(n) \Rightarrow A(n+1)]$ (귀납적 단계)

이러면 $(\forall n \in N)A(n)$을 의미한다는 것을 다음처럼 추론할 수 있다. (1)에 의해 $A(1)$이다. (2)에 의해 (특별한 경우로) $A(1) \Rightarrow A(2)$를 얻는다. 따라서 $A(2)$다. 이번에도 (2)에 의해 (특별한 경우로) $A(2) \Rightarrow A(3)$을 얻는다. 따라서 $A(3)$이다. 이처럼 자연수 전체를 계속해 나갈 수 있다.

귀납법에서 주목해야 할 것은 두 명제 중 어느 것도 우리가 입증하려고 하는 명제를 증명하지 않는다는 점이다. 우리가 증명하는 것은 첫 번째 경우 (1)과 조건문 (2)다. 이 둘로부터 결론 $(\forall n \in N)\mathrm{A}(n)$으로 가는 단계는 (방금 설명했다.) 수학적 귀납법의 원리라고 알려져 있다.

일례로 귀납법의 방법을 이용하여 자연수의 합에 대한 위의 결과를 증명해 보자.

정리. 모든 자연수 n에 대해 다음이 성립한다.

$$1+2+\cdots+n=\frac{1}{2}n(n+1)$$

〔증명〕. 먼저 $n=1$일 때 검증한다. 이 경우는 등식 $1=\frac{1}{2}(1)(1+1)$를 검증하는 것으로 귀결되는데, 양변이 모두 1이므로 옳다.

이제 임의의 n에 대해 등식

$$1+2+\cdots+n=\frac{1}{2}n(n+1)$$

이 성립한다고 하자. 이렇게 가정한 등식의 양변에 $(n+1)$을 더하면

$$\begin{aligned}1+2+\cdots+n+(n+1) &= \frac{1}{2}n(n+1)+(n+1)\\ &= \frac{1}{2}[n(n+1)+2(n+1)]\\ &= \frac{1}{2}[n^2+n+2n+2]\\ &= \frac{1}{2}[n^2+3n+2]\\ &= \frac{1}{2}[(n+1)(n+2)]\\ &= \frac{1}{2}(n+1)((n+1)+1)\end{aligned}$$

인데 이는 n 대신 $n+1$을 대입한 식이다.

따라서 수학적 귀납법의 원리에 의해, 정말 모든 n에 대해 등식이 성립한다는 결론을 내릴 수 있다. □

연습문제 3.5.1

위의 증명에서

1. 귀납법으로 증명하는 명제 $A(n)$을 써라.

2. 첫 번째 단계 $A(1)$을 써라.

3. 귀납적 단계 $(\forall n \in N)[A(n) \Rightarrow A(n+1)]$를 써라.

귀납법에 의한 증명이 직관적으로는 명백해 보이지만—모든 자연수 전체를 거치는 단계 단계 과정이 끊기는 법이 없다는 것을 보이는 것이므로—사실 자체로 상당히 깊은 원리다.(깊이 있는 결론이라는 것은 자연수 집합이라는 무한 집합에 대한 것이라는 것에서 나오며, 무한에 관련한 문제는 간단한 경우가 대단히 드물기 때문이다.)

여기 다른 예가 있다. 실제로 꼭 이럴 필요는 없지만, 이번에는 앞서 진술한 방식을 따라 귀납법의 원리와의 관계를 명시적으로 드러내려고 한다.

정리. $x > 0$이면 모든 $n \in N$에 대해 다음이 성립한다.

$$(1+x)^{n+1} > 1+(n+1)x$$

〔증명〕. $A(n)$을 다음 명제라 하자.

$$(1+x)^{n+1} > 1+(n+1)x$$

그러면 $A(1)$은

$$(1+x)^2 > 1+2x$$

인데, 이항전개

$$(1+x)^2 = 1+2x+x^2$$

과 $x > 0$이라는 사실로부터 성립한다.

다음 단계로 다음 명제를 증명하려고 한다.

$$(\forall n \in N)[A(n) \Rightarrow A(n+1)]$$

이를 위해 N의 임의의(!) 원소 n을 잡고, 다음 조건문을 증명하겠다.

$$A(n) \Rightarrow A(n+1)$$

이를 위해 $A(n)$을 가정하고, $A(n+1)$을 유도해 보자.

$$\begin{aligned}(1+x)^{n+2} &= (1+x)^{n+1}(1+x)\\ &> (1+(n+1)x)(1+x) \text{〔}A(n)\text{ 때문에〕}\\ &= 1+(n+1)x + x + (n+1)x^2\\ &= 1+(n+2)x + (n+1)x^2\\ &> 1+(n+2)x \text{〔}x>0\text{이기 때문에〕}\end{aligned}$$

이는 $A(n+1)$을 증명한 것이다.

따라서 귀납법에 (즉, 수학적 귀납법의 원리에) 의해 정리가 증명됐다. □

수학적 귀납법이 무엇인지 요약하면, 모든 자연수 n에 대한 어떤 명제 $A(n)$을 증명하고 싶다. 첫째, $A(1)$이 성립함을 입증하라. 이는 보통 간단한 관찰의 문제에 불과하다. 그런 후 조건문

$$A(n) \Rightarrow A(n+1)$$

이 모든 n에 대해 성립한다는 대수적 논증을 제시한다. 일반

적으로는 다음처럼 한다. $A(n)$을 가정한다. 명제 $A(n+1)$을 살펴보면서 어떻게든 이미 참이라고 가정한 $A(n)$으로 축소하려고 노력하여 $A(n+1)$이 참임을 연역한다. 이를 입증하면, 수학적 귀납법의 원리에 의해 귀납 증명은 완성된다.

형식적으로 귀납적 증명에 착수할 때, 세 가지 점을 기억해야 한다.

(1) 귀납적 방법을 사용한다는 것을 명백히 진술하라.
(2) $n = 1$인 경우를 증명하라. (혹은 명백히 참인 경우, 최소한 그렇다고 관찰했음을 명시하라.)
(3) (어려운 부분) 다음 조건문을 증명하라.

$$A(n) \Rightarrow A(n+1)$$

n_0이 주어진 자연수일 때

$$(\forall n \geq n_0)A(n)$$

과 같은 꼴의 명제의 증명과 관련된 변종 귀납법이 있다. 이런 경우 귀납 증명의 첫 번째 단계는 $A(1)$을 (참일 수도 있지만) 검증하는 것이 아니라 $A(n_0)$를 (첫 번째 경우) 검증하는 것이다. 증명의 두 번째 단계는

$$(\forall n \geq n_0)[A(n) \Rightarrow A(n+1)]$$

을 증명하는 것으로 구성된다. 산술의 기본 정리의 일부분인 다음 정리를 증명할 때 그런 일이 발생한다.

정리. 1보다 큰 모든 자연수는 소수거나, 소수들의 곱이다.

〔증명〕. 처음 생각으로는 귀납법을 써서 증명할 명제

$$(\forall n \geq 2)A(n)$$

에서

$A(n)$: n은 소수거나, 소수들의 곱이다

라고 해야 할 것 같다. 하지만 $A(n)$보다 더 강한 다음 명제로 바꾸면 더 편리하다는 것을 조금 뒤에 명확히 알 것이다.

$B(n)$: $1 < m \leq n$인 모든 자연수 m은
소수거나, 소수들의 곱이다

이제 시작하자. 여기에서는 모든 자연수 $n > 1$에 대해 $B(n)$이 참임을 귀납법으로 증명한다. 그러면 정리가 증명되는 것은 분명하다.

$n=2$에 대해서 결과는 자명하다. 2가 소수이므로 $B(2)$가 성립한다.(이 경우 흔히 시작하는 $n=1$이 아니라 $n=2$부터 시작해야

함에 주목하라.)

이제 $B(n)$을 가정하자. $B(n+1)$을 유도하겠다. m을 $1 < m \le n+1$인 자연수라 하자. $m \le n$이면 $B(n)$에 의해 m은 소수거나, 소수들의 곱이다. 따라서 $B(n+1)$을 증명하기 위해서는 $n+1$ 자체가 소수거나, 소수들의 곱임을 증명하기만 하면 된다. $n+1$이 소수라면 더 이상 말할 것이 없다. 그렇지 않다면 $n+1$이 합성수이고, 이는

$$1 < p, q < n+1$$

이면서

$$n+1 = pq$$

인 자연수 p, q가 존재한다는 뜻이다. 이제 p, $q \le n$이므로 $B(n)$에 의해 p와 q 각각은 소수거나, 소수들의 곱이다. 하지만 그럴 경우 $n+1=pq$는 소수들의 곱이다. 따라서 $B(n+1)$의 증명이 끝난다.

이제 귀납법에 의해 정리가 뒤따른다. 더 정확히 말해, 수학적 귀납법의 가정에 의해 다음 명제의 타당성이 도출되는데,

$$(\forall n \ge 2)B(n)$$

이것이 증명하려던 정리를 뜻하는 것은 자명하다. □

물론 위의 예에서 조건문

$$B(n) \Rightarrow B(n+1)$$

을 입증하기는 다소 쉬웠다.(사실 앞서 언급했던 $A(n)$보다 $B(n)$을 이용한 것은 이렇게 간단한 논증을 거치기 위해서였다.) 하지만 많은 경우 진정한 독창성이 필요하다. 하지만 주요 결과

$$(\forall n \geq 2)A(n)$$

을 수학적 귀납법으로 증명하는 것과 귀납적 단계의 기교적인 부분증명인

$$(\forall n \geq 2)[A(n) \Rightarrow A(n+1)]$$

과 헷갈려서는 안 된다. 귀납법을 사용한다는 선언을 하지 않고, $A(2)$이 타당하다는 관찰이나 증명을 하지 않으면, 아무리 기교적으로 영리하게 조건문 $A(n) \Rightarrow A(n+1)$을 증명했다고 하더라도 명제 $(\forall n \geq 2)A(n)$의 증명에는 달하지 못한다.

연습문제 3.5.2

1. 처음 n개의 홀수의 합이 n^2과 같다는 것을 증명하는 데 귀납적

방법을 이용하라.

2. 다음을 귀납법을 써서 증명하라.

(a) 4^n-1은 3으로 나눠떨어진다.

(b) 모든 $n \geq 5$에 대해 $(n+1)! > 2^{n+3}$

3. 표기법

$$\sum_{i=1}^{n} a_i$$

는 다음 합을 줄여 쓰는 흔한 축약법이다.

$$a_1 + a_2 + a_3 + \cdots + a_n$$

예를 들어

$$\sum_{r=1}^{n} r^2$$

은 다음 합을 가리킨다.

$$1^2 + 2^2 + 3^2 + \cdots + n^2$$

다음을 귀납법으로 증명하라.

(a) $\forall n \in N : \sum_{r=1}^{n} r^2 = \frac{1}{6} n(n+1)(2n+1)$

(b) $\forall n \in N : \sum_{r=1}^{n} 2^r = 2^{n+1} - 2$

(c) $\forall n \in N : \sum_{r=1}^{n} r \cdot r! = (n+1)! - 1$

4. 이 절에서는 일반적인 정리

$$1 + 2 + \cdots + n = \frac{1}{2} n(n+1)$$

을 증명하기 위해 귀납법을 사용했다. 귀납법을 사용하지 않는 대안 증명도 있는데, 가우스가 어렸을 때 수업 중에 선생님이 어린 학생들에게 준 '시간 때우기용 과제'였던 산수 문제를 푸는 핵심 아이디어였기 때문에 유명하다. 선생님은 수업에서 처음 100개의 자연수의 합을 계산하라고 시켰다. 가우스는

$$1 + 2 + \cdots + 100 = N$$

이라면, 덧셈의 순서를 뒤집은 다음 값도 답이 똑같아야 한다는 것에 주목했다.

$$100 + 99 + \cdots + 1 = N$$

따라서 이 두 식을 더하면

$$101 + 101 + \cdots + 101 = 2N$$

을 얻고, 더하는 항이 100개이므로 다음처럼 쓸 수 있다.

$$100 \cdot 101 = 2N$$

그러므로

$$N = \frac{1}{2}(100 \cdot 101) = 5050$$

이다. 처음 자연수들의 합에 대한 정리를 귀납법의 방법에 호소하지 말고 가우스의 아이디어를 일반화하여 증명하라.

4.
수에 대한 결과 증명하기

이 책의 초점은 구체적인 수학이 아니라 특정 종류의 사고방식에 맞춰 있긴 하지만, 정수와 실수는 수학적 증명을 설명하는데 편리한 수학적 (각각 수론과 실해석학) 영역을 제공한다. 누구나 이 수체계에 어느 정도 익숙해 있다는 점이 교육적 관점에서 중요한 이점이지만, 이들 수체계의 수학적 이론은 접하지 못했을 가능성이 크다.

4.1 정수

대부분의 사람은 기본적인 산수를 통해서 정수를 경험한다. 그렇지만 단순한 계산 너머 이런 수가 나타내는 추상적 성질까지 정수를 연구한 것은 기원전 700년경 수학으로 여길 만한 것이 시작된 바로 당시까지 거슬러 올라간다. 이런 연구는 수학에서 가장 중요한 분야인 수론으로 성장했다. 대부분의 대학 수학 전공 중에서 수론은 매우 흥미로운 강좌 중 하나다. 이 주제에는 진술하기는 쉽지만 풀려면—물론 정말 풀어야 할 경우—대단한 창의성이 필요할 뿐만 아니라, 몇 가지 결과는 현대 생활에서 대단히 중요한 응용을 갖는 (그중에서도 인터넷 보안이 가장 중요하다) 감질나는 문제가 가득하다. 불행히도 우리의 목적은 다르기 때문에, 이 책에서는 수론의 겉만 간신히 긁을 것이다. 하지만 이 절에서 조금이라도 흥미가 생기거든 좀 더 들여다볼 것을 권한다. 실망할 가능성은 거의 없으니까.

정수는 뭔가를 세는 데 쓸모가 있어서일 뿐만 아니라 산술 체계 때문에 수학적 관심을 끈다. 주어진 두 정수를 더할 수 있고, 뺄 수 있고, 곱할 수도 있는데 결과는 여전히 정수다. 나눗셈은 그렇게 직접적이지는 않는데, 그래서 특히 흥미로운 것이다. 어떤 정수 쌍, 예를 들어 5와 15에 대해서는 나눗셈이 가능하다. 15를 5로 나누면 결과는 정수인 3이다. 다른 쌍, 예를 들어 7과 15일 때는 분수를 (즉, 정수 바깥 세상의 것을) 결과로 받아들일 준비가 돼 있지 않는 한 나눗셈을 할 수 없다.

정수로만 산수를 한정하면, 나눗셈의 결과 두 개의 수 몫과 나머지가 나온다. 예를 들어 9를 4로 나누면 몫 2를 얻고, 나머지 1을 얻는다.

$$9=4\cdot 2+1$$

이는 정수에 관련하여 맨 처음 나오는 공식적인 정리인 '나눗셈 정리'의 특수한 경우다. 정리를 증명하기 위해서 절댓값이라는 개념을 상기하는 것이 편리하다.

주어진 정수 a에 대해 $|a|$는 음의 부호를 떨어뜨린 수를 가리킨다고 하자. 형식적인 정의는 구체적으로 두 가지 경우로 나뉜다.

$$|a| = \begin{cases} a, & a \geq 0\text{일 때} \\ -a, & a < 0\text{일 때} \end{cases}$$

예를 들어 $|5|=5$이며 $|-9|=9$다.

$|a|$를 a의 절댓값이라 부른다.

정리 1.1 (나눗셈 정리). a, b가 정수이고 $b>0$이라 하자. 그러면 $a=q \cdot b+r$이고 $0 \leq r < b$ 인 정수 q, r이 유일하게 존재한다.

〔증명〕. 증명해야 할 것이 두 가지다. 주어진 성질을 갖는 q, r이 존재한다는 것과 그런 q, r이 유일하다는 것이다. 먼저 존재성부터 보이자.

k가 정수일 때, $a-kb$ 꼴의 모든 음이 아닌 정수를 들여다보고, 그중 하나가 b보다 작다는 것을 보이는 것이 아이디어다.(이런 일이 생기는 k 값이 바로 q로 적절할 것이고, 이때 r은 $r=a-kb$로 주면 될 것이다.)

$a-kb \geq 0$인 정수가 있을까? 물론 있다. $k=-|a|$라 하자.

그러면 $b \geq 1$이므로

$$a - kb = a + |a| \cdot b \geq a + |a| \geq 0$$

이다. $a - kb \geq 0$인 정수가 있으므로, 그중에서 가장 작은 것이 있을 것이다. 그것을 r이라 부르고, 그렇게 되는 k 값을 q라 하면, $r = a - qb$다. 존재성 증명을 마치기 위해 $r < b$임을 보이자.

반대로 $r \geq b$라 하자. 그러면

$$a - (q+1)b = a - qb - b = r - b \geq 0$$

이다. 따라서 $a - (q+1)b$는 $a - kb$ 꼴의 음이 아닌 정수다. 하지만 이런 꼴 중에서 r을 가장 작은 것으로 선택했는데 $a - (q+1)b < a - qb = r$이기 때문에 이 상황은 모순이다. 따라서 증명하고 싶었던 대로 $r < b$여야만 한다.

이제 q, r이 유일하다는 증명만 남았다. 아이디어는 다음과 같다. 만일 a에 대해 $0 \leq r, r' < b$이며

$$a = qb + r = q'b + r'$$

인 두 표현이 있으면 실은 $r = r'$이며 $q = q'$이라는 것을 보이는 것이다.

이를 위해 위의 식을 다음처럼 정리한다.

$$(1)\ r' - r = b \cdot (q - q')$$

절댓값을 취하면 다음과 같다.

$$(2)\ |r' - r| = b \cdot |q - q'|$$

하지만

$$-b < -r \leq 0 \text{ 및 } 0 \leq r' < b$$

이므로 더하면

$$-b < r' - r < b$$

이고, 다른 말로 하면

$$|r' - r| < b$$

이다. 따라서 (2)로부터

$$b \cdot |q - q'| < b$$

이다. 이는

$$|q-q'|<1$$

을 뜻한다. 이제 한 가지 가능성 $q-q'=0$, 즉 $q=q'$인 가능성만 남는다. (1)을 이용하면 즉각 $r=r'$이 나온다. 증명이 끝났다. □

이와 같이 엄밀하고 활짝 핀 증명을 처음 접했다면 시간을 조금 들여서 살펴볼 필요가 있다. 결과 자체는 그렇게 심오하지는 않으며, 모두 익숙한 것이다. 나눗셈 정리가 모든 정수쌍에 대해 참이라는 것을 확실하게 증명할 때 사용한 방법이 우리의 초점이다. 왜 위의 증명이 통하는지 (왜 매 단계가 중요한지) 이해하는 데 들인 시간은 훗날 더 어려운 증명을 만났을 때 보상으로 돌아올 것이다.

이와 같이 당연해 보이는 간단한 결과를 수학적으로 증명하는 경험을 습득하면서 수학자들은 증명 방법에 자신감을 얻게 되며, 전혀 당연해 보이지 않는 결과도 받아들일 수 있다.

예를 들어 19세기 후반 독일의 유명한 수학자 다비드 힐베르트(David Hilbert)는 이상한 성질을 갖는 가상의 호텔을 묘사하였다. 훗날 힐베르트의 호텔이라 알려진 이 호텔은 무한히 많은 방을 가진 궁극의 호텔이다. 대부분의 호텔처럼 각 방에는 자연수 1, 2, 3, 등등의 번호가 붙어 있다.

어느 날 밤 모든 방이 꽉 찼는데 손님 한 명이 더 나타났다.

안내 직원은 다음과 같이 말했다.

"미안합니다. 모든 방이 찼습니다. 다른 곳에 묵으셔야겠네요."

수학자였던 손님은 한참 동안 생각하더니 이렇게 말했다.

"이미 묵고 계신 손님들을 한 사람도 내쫓지 않고 내게 방을 빌려 줄 방법이 있어요."

(이야기를 계속 진행하기 전에, 수학자 손님이 제시한 해답을 여러분도 알 수 있는지 맞춰 보라.)

안내 직원은 회의적이었지만, 어떻게 이미 투숙한 손님을 내쫓지 않고도 빈 방을 내줄 수 있는지 수학자에게 설명해 달라고 부탁했다.

"간단해요."

수학자가 설명하기 시작했다.

"손님을 모두 바로 옆방으로 옮기면 됩니다. 그러니까 1번 방의 손님은 2번 방으로, 2번 방의 손님은 3번 방으로, 등등 온 투숙객이 그렇게 하면 됩니다. 일반적으로 n번 방의 손님은 $n+1$번 방으로 옮기는 거죠. 다 옮기면 1번 방이 빕니다. 그 방에 내가 묵으면 되죠."

직원은 잠시 생각하더니, 그 방법이 통한다는 데 동의할 수밖에 없었다. 정말로 기존의 투숙객을 아무도 내쫓지 않고도 완전히 가득 찬 호텔에서 손님을 더 묵게 하는 것이 가능하다. 수학자의 추론은 완전히 타당하다. 그렇게 하여 그날 밤 수학자는 밤에 묵을 방을 얻을 수 있었다.

힐베르트의 호텔에서 요점은 호텔에 무한개의 방이 있다는 것이다. 사실 힐베르트는 무한에 대한 놀라운 성질 몇 가지 중 하나를 설명하기 위해 이 이야기를 만들어 냈다. 여러분도 한참 동안 위의 논증을 생각해야 한다.

실세계의 호텔에 대해서는 새로운 것을 배울 수 없지만 무한에 대해서는 조금 더 이해할 수 있을 것이다.

현대 과학과 공학의 기반암인 미적분에서 핵심이기 때문에 무한을 이해하는 것이 중요하다. 또한 어떻게 무한히 많은 단계를 수행할 수 있는지 구체적으로 절차를 서술하는 것이 무한을 다루는 한 가지 방법이다.

힐베르트의 해결책을 이해하여 만족감을 느꼈거나 더 깊은 사실은 없을 것 같다고 생각한다면 다음 변종 문제들을 풀어 보라.

연습문제 4.1.1

1. 힐베르트의 호텔 얘기는 전과 같지만, 이번에는 이미 가득 찬 호텔에 손님 두 명이 도착했다. 어떻게 하면 아무도 내쫓지 않고 이 두 손님에게 따로 따로 방을 내줄 수 있을까?

2. 이번에는 직원이 훨씬 골치 아픈 문제에 직면했다. 호텔은 가득 차 있는데, 무한 명의 단체 여행객이 도착한 것이다. 각 여행객은 $N = 1, 2, 3, \cdots$에 대해 "안녕하세요. 나는 N이라고 해요"라고 쓴 명찰을 차고 있었다. 기존의 손님을 한 명도 내쫓지 않고도, 새로 온 손님에게 각자 방을 내줄 방법을 찾을 수 있을까? 어떻게 해야 할까?

힐베르트의 호텔과 같은 예는 수학에서 엄밀한 증명이 중요함을 설명해 준다. 나눗셈 정리처럼 '명백한' 결과를 검증할 때는 시시해 보일 수도 있지만, 익숙하지 않는 것에 (예를 들어 무한에 대한 질문에) 똑같은 방법을 적용할 때는 우리가 기댈 수 있는 것은 엄밀한 증명뿐이다.

위에서 진술한 나눗셈 정리는 정수 a를 양의 정수 b로 나눌 때만 적용된다. 더 일반적으로는

정리 1.2 (일반화된 나눗셈 정리). a, b가 정수이고 $b \neq 0$이라 하자. 이때 다음을 만족하는 유일한 정수 q, r이 존재한다.

$$a = q \cdot b + r \text{ 및 } 0 \leq r < |b|$$

〔증명〕. $b > 0$인 경우는 이미 정리 1.1에서 다뤘으므로 여기서는 $b < 0$이라 가정하자. $|b| > 0$이므로 정리 1.1을 적용하면

$$a = q' \cdot |b| + r' \text{ 및 } 0 \leq r' < |b|$$

인 유일한 정수 q', r'이 있다. $q = -q'$ 및 $r = r'$이라 두자. 그러면 $|b| = -b$이므로

$$a = q \cdot b + r \text{ 및 } 0 \leq r < |b|$$

이 되어 원하는 결과다. □

정리 1.2도 종종 그냥 나눗셈 정리라 부른다. 어느 경우든 q는 a를 b로 나눈 몫이라 부르고, r을 나머지라 부른다.

나눗셈 정리는 간단하지만 계산 작업에서 도움이 될 수 있는 많은 결과를 내놓는다. 예를 들어 (이건 아주 간단한 예다.) 소수의 제곱인 수를 찾는 문제에 직면해 있다고 할 때, 홀수의 제곱은 8의 배수보다 1이 더 크다는 것을 알면 도움이 될 것이다.(예를 들어 $3^2 = 9 = 8+1$, $5^2 = 25 = 3 \cdot 8 + 1$)이 사실을 검증하기 위해, 나눗셈 정리 덕에 모든 수는 $4q$, $4q+1$, $4q+2$, $4q+3$ 중 어느 한 가지 꼴로 쓸 수 있다는 것에 주목하라. 따라서 모든 홀수는 $4q+1$, $4q+3$ 꼴 중 하나다. 각각을 제곱하면 다음과 같다.

$$(4q+1)^2 = 16q^2+8q+1 = 8(2q^2+q)+1$$
$$(4q+3)^2 = 16q^2+24q+9 = 8(2q^2+3q+1)+1$$

두 가지 경우 모두 결과는 8의 배수보다 1이 더 크다.

a를 b로 나누어 나머지 $r=0$이 나오는 경우, a는 b로 나누어떨어진다고 말한다. 즉, 어떤 정수 a가 0이 아닌 수 b로 나누어떨어질 필요충분조건은 $a=b \cdot q$인 정수 q가 존재할 때다. 예를 들어 45는 9로 나누어떨어지지만 44는 9로 나누어떨어지지 않는다. a가 b로 나누어떨어지는 것을 나타내는 표준 기호는 $b|a$이다. 정의 자체에서 $b|a$이면 $b \neq 0$을 가리킨다는 것에 주의하라.

$b|a$라는 기호가 두 수 a와 b 사이의 관계를 언급하는 기호라는 사실에 특히 주목해야 한다. 이는 참이냐 거짓이냐를 가리키지, 어떤 수를 가리키는 기호가 아니다. $b|a$를 a/b와 헷갈리지

않도록 주의하라.(뒤의 기호는 어떤 수를 가리키는 기호다.)

다음 연습문제에서는 정수의 집합에 대해 표준 기호 $\boldsymbol{Z}$를 사용했다.($\boldsymbol{Z}$는 수를 가리키는 독일어 단어 Zahlen에서 나왔다.)

연습문제 4.1.2

1. $b|a$와 a/b 사이의 관계를 가능한 한 간결하면서도 정확하게 표현하라.

2. 다음이 참인지 거짓인지 판정하라. 자신의 답을 증명하라.

   (a) $0|7$

   (b) $9|0$

   (c) $0|0$

   (d) $1|1$

   (e) $7|44$

   (f) $7|(-42)$

   (g) $(-7)|49$

   (h) $(-7)|(-56)$

   (i) $2708|569401$

   (j) $(\forall n \in \boldsymbol{N})[2n|n^2]$

   (k) $(\forall n \in \boldsymbol{Z})[2n|n^2]$

   (l) $(\forall n \in \boldsymbol{Z})[1|n]$

(m) $(\forall n \in N)[n|0]$

(n) $(\forall n \in Z)[n|0]$

(o) $(\forall n \in N)[n|n]$

(p) $(\forall n \in Z)[n|n]$

다음 정리는 나누어떨어지는 수들에 대한 기본 성질을 나열한 것이다.

정리 1.3. a, b, c, d가 정수이며 $a \neq 0$이라 하면,

(i) $a|0$, $a|a$.

(ii) $a|1$일 필요충분조건은 $a = \pm 1$이다.

(iii) $c \neq 0$에 대해 $a|b$ 및 $c|d$ 이면 $ac|bd$ 다.

(iv) $b \neq 0$에 대해 $a|b$ 및 $b|c$ 이면 $a|c$ 다.

(v) $[a|b$ 및 $b|a]$와 필요충분조건은 $a = \pm b$다.

(vi) $a|b$이며 $b \neq 0$이면 $|a| \leq |b|$다.

(vii) $a|b$ 및 $a|c$ 이면, 모든 정수 x, y에 대해 $a|(bx+cy)$다.

〔증명〕. 모든 경우가 $a|b$의 정의로 돌아가면 되는 단순한 문제다. 예를 들어 (iv)를 증명할 때, 가정은 $b = da$ 및 $c = eb$인 정수 d와 e가 존재한다는 것을 의미하므로 $c = (de)a$라는 사실이 즉각 나오고 따라서 $a|c$다. 다른 경우를 들기 위해 (vi)

를 생각하자. $a|b$이므로 $b=da$인 정수 d가 존재한다. 따라서 $|b|=|d|\cdot|a|$다. $b\neq0$이므로 $d\neq0$이어야 하고, 따라서 $|d|\geq1$이다. 그러므로 원했던 대로 $|a|\leq|b|$다. 나머지 경우는 연습문제로 남겨 둔다. □

연습문제 4.1.3

---

1. 정리 1.3을 모두 증명하라.

2. 홀수는 모두 $4n+1$ 또는 $4n+3$ 꼴임을 증명하라.

3. 임의의 정수 n에 대해 n, $n+2$, $n+4$ 중 적어도 하나는 3으로 나누어떨어짐을 증명하라.

4. a가 홀수인 정수일 때, $24|a(a^2-1)$임을 증명하라. 〔힌트 : 정리 1.2 뒤의 예제를 살펴보라.〕

5. 다음 형태의 나눗셈 정리를 증명하라. $b\neq0$인 주어진 정수 a, b에 대해

$$a=qb+r \text{ 및 } -\frac{1}{2}|b|<r\leq\frac{1}{2}|b|$$

인 정수 q, r이 유일하게 존재한다.〔힌트: $a=q'b+r'$이고

$0 \leq r' < |b|$인 q', r'을 잡아라. $0 \leq r' \leq \frac{1}{2}|b|$이면 $r = r'$, $q = q'$이라 두라. $\frac{1}{2}|b| < r' < |b|$이면 $r = r' - |b|$라 두고, $b > 0$이면 $q = q' + 1$, $b < 0$이면 $q = q' - 1$이라 두라.〕

소수가 무한히 많이 존재한다는 유클리드의 증명은 이미 본 바 있다. 소수의 공식적인 정의는 1과 p만으로 나누어떨어지는 정수 $p > 1$을 말한다.

자연수 $n > 1$이 소수가 아니면 합성수라 부른다.

연습문제 4.1.4

---

1. 다음 명제가 소수를 정확히 정의하는 것인가? 자신의 답을 설명하라. 소수를 정의하지 않는다는 답인 경우, 소수를 정의하도록 고쳐라.

   p가 소수일 필요충분조건은 $(\forall n \in N)[(n|p) \Rightarrow (n = 1 \vee n = p)]$이다.

2. 3과 5, 11과 13, 71과 73처럼 차가 2인 소수, 즉 '쌍둥이 소수'가 무한 쌍이 있는지에 대한 질문이 수론에서 고전적 미해결 문제 중 하나다. 세 쌍둥이 소수, 즉 앞 수와의 차가 각각 2인 세 개의 소수쌍은 3, 5, 7뿐임을 증명하라.

3. p가 소수이면, 곱 ab가 p로 나누어떨어질 때마다 a, b 중 적어도 하나는 p로 나누어떨어진다는(유클리드 도움정리라 부른다) 소수에 대한 표준적인 결과가 있다. 모든 a, b에 대해 이런 성질을 갖는 자연수는 소수 또는 1이어야 한다는 이 정리의 역을 증명하라.

소수에 대한 엄청난 관심의 대부분은 산술의 기본 정리로 표현되는 자연수의 기본 성질로부터 나온다. 1보다 큰 모든 자연수는 소수거나, 혹은 소수들의 곱으로 쓸 수 있으며 그렇게 쓰는 방법은 곱하는 순서만 제외하면 유일하다.

예를 들어 2, 3, 5, 7, 11, 13 등은 소수다. 또한

$$4 = 2\times 2 = 2^2$$
$$6 = 2\times 3$$
$$8 = 2\times 2\times 2 = 2^3$$
$$9 = 3\times 3 = 3^2$$
$$10 = 2\times 5$$
$$12 = 2\times 2\times 3 = 2^2\times 3$$
$$\cdots$$
$$3366 = 2\cdot 3^2\cdot 11\cdot 17$$
$$\cdots$$

합성수를 소수들의 곱으로 표현하는 것을 **소인수분해**라 부른다. 어떤 수의 소인수분해를 알면 수의 수학적 성질을 많이 알 수 있다. 이런 점에서 소수들은 화학자의 원소들이나 물리학자의 원자들과 비슷하다.

곱 ab가 소수 p로 나누어떨어지면, a, b 중 적어도 하나는 p로 나누어떨어진다고 연습문제 4.1.4(3)에서 언급한 결과인 유클리드의 도움정리를 가정하면, 산술의 기본 정리를 증명할 수 있다.(유클리드의 도움정리는 그렇게 어렵지 않지만, 수학적 사고를 개발한다는 목적을 넘어서는 일이다.)

정리 1.4 (산술의 기본 정리). 1보다 큰 모든 자연수는 소수거나, 혹은 소수들의 곱으로 쓸 수 있으며 그렇게 쓰는 방법은 곱하는 순서만 제외하면 유일하다.

〔증명〕. 소인수분해의 존재성을 먼저 증명한다.(이 부분은 유클리드의 도움정리가 필요하지 않다.) 3장에서 수학적 귀납법을 설명할 때 이미 증명했다. 여기서는 모순을 이용하여 더 짧게 증명한다.

소수들의 곱으로 쓸 수 없는 합성수가 있다고 가정한다. 그렇다면 그런 수 중 가장 작은 것이 있어야만 한다. 그 수를 n이라 하자. n은 소수가 아니므로 $1 < a, b < n$이면서 $n = a \cdot b$인 a, b가 존재한다.

a나 b가 소수라면 $n = a \cdot b$가 n의 소인수분해이므로 모순이다.

a, b 중 어느 하나가 합성수라면, 이 수들이 n보다는 작으므로 소수들의 곱이어야만 한다. 따라서 $n = a \cdot b$에서 a나 b 중 하나 혹은 둘 다를 각각 소인수분해한 것으로 바꿔 넣으면 n의 소인수분해를 얻으므로, 이번에도 모순을 얻는다.

이제 유일성 증명으로 눈길을 돌리자. 이번에도 모순에 의한 증명법을 쓸 것이다. 완전히 다른 방식으로 소수들의 곱으로 쓸 수 있는 합성수가 존재한다고 가정하자. n을 그런 수 중 가장 작은 것이라 하고

$$(*) \quad n = p_1 \cdot p_2 \cdot \cdots \cdot p_r = q_1 \cdot q_2 \cdot \cdots \cdot q_s$$

를 n에 대한 서로 다른 소인수분해라 하자.

p_1이 $(q_1)(q_2 \cdot \cdots \cdot q_s)$로 나누어떨어지므로 유클리드의 도움정리로부터 $p_1 | q_1$이거나 $p_1 | q_2 \cdot \cdots \cdot q_s$다. 따라서 $p_1 = q_1$이거나 $p_1 = q_i$가 2부터 s 사이의 어떤 i에 대해 성립하는데, $p_1 = q_i$인 1과 s 사이의 어떤 i가 존재한다고 말하면 좀 더 간결하게 표현할 수 있다. 하지만 (*)에서 p_1과 q_i를 제거하면 n보다 작은 수면서 서로 다른 소인수분해를 갖는 수가 존재하므로, n이 그런 수 중 가장 작은 것이라는 데 모순이다.

이로부터 증명이 완성된다. □

연습문제 4.1.5

1. 유클리드의 도움정리를 증명하려고 시도해 보라. 성공하지 못했다면 다음 연습문제로 넘어가라.

2. 초등적인 수론에 관한 책이나 웹에서 유클리드의 도움정리에 대한 증명을 찾을 수 있을 것이다. 증명을 하나 찾아내어 확실히 이해하라. 웹에서 증명을 찾았다면 맞는 증명인지 확인해야 한다. 인터넷에는 잘못된 수학 증명이 도처에 있다. 위키피디아에 올라온 거짓 증명은 비교적 빨리 교정되지만, 좋은 의도를 가진 기고자가 증명을 간단하게 하려다가 틀리는 경우도 가끔 있다. 수학적 사고를 잘하려면 웹상의 자원을 잘 이용하는 법을 배우는 것도 중요하다.

3. 소수에 대해 흥미로우면서도 유용한 것으로 (수학자들 및 실생활 응용에서도) 밝혀진 결과는 페르마의 작은 정리다. p가 소수이고 a가 p의 배수가 아닌 자연수일 때, $p \mid (a^{p-1} - 1)$이라는 정리를 말한다. 교재나 웹에서 이 결과에 대한 증명을 찾고 이해하라.(이번에도 모르거나 신뢰가 가지 않는 저자의 웹사이트에서 찾아낸 수학에 주의하라.)

4.2 실수

기본적인 집합론에 익숙하지 않다면 이 절을 읽기 전에 '부록'부터 읽어야 한다.

인간의 두 가지 다른 인지 개념인 셈과 측정을 형식화하면서 수가 나왔다. 화석 증거에 기반하여 인류학자는 수가 도입되기 수천 년 전부터 두 개념 모두 있었으며 이용돼 왔다고 믿는다. 35,000년 전에도 인류는 사물을—아마도 달의 주기나 계절 같은 것—기록하기 위해 뼈에 (아마도 나무 막대에도 했겠지만 지금까지 발견된 것은 없다) 표시를 했으며, 막대기나 식물 덩굴로 길이를 재기도 했던 것 같다. 하지만 뼈에 표시한 것의 개수나 측정 도구의 길이를 나타내는 수 자체는 훨씬 뒤인 1만 년 전쯤 묶음을 셈하는 형태로 나타난 것으로 보인다.

이런 활동의 결과 두 종류의 수가 나왔다. 이산적으로 세는 수와 연속적인 실수다. 이 두 종류 수 사이의 관계는 19세기에 와서야 현대적인 실수 체계를 구성하면서 굳건한 기반에 놓였다. 이렇게 오래 걸린 이유는 꽤 황당한 문제들을 극복해야만 했기 때문이다. 실수의 구성이 이 책의 범위를 넘지만, 문제가 무엇인지는 설명할 수 있다.

수에 대한 두 개념 사이의 연관관계를 보인 방법은 이렇다. 정수 $\boldsymbol{Z}$부터 (Z는 Zahlen) 시작하여 먼저 유리수 $\boldsymbol{Q}$를(Q는 몫을 뜻하는 Quotient) 정의할 수 있고, 그런 후에 유리수를 이용하여 실수 $\boldsymbol{R}$을 정의한다.

정수로부터 시작하여 유리수를 정의하는 것은 꽤 직접적이다.

사실 유리수란 두 정수의 몫에 불과하기 때문이다.(실은 정수로부터 유리수를 구성하는 것이 완전히 뻔한 것은 결코 아니다. 다음 연습문제에서 여러분 손으로 시도해 보자.)

연습문제 4.2.1

1. 주어진 수체계로 정수 Z를 택하자. $b \neq 0$인 정수 a, b에 대해 a/b를 갖도록 Z를 확장하여 더 큰 수체계 Q를 만들고 싶다. 어떻게 그런 체계를 정의할 수 있을까? 특히 다음 질문에는 어떻게 대답해야 할까? "몫 a/b가 무엇인가?" (실제 몫을 이용하여 대답해서는 안 된다. Q를 정의하기까지는 그런 몫은 없기 때문이다.)

2. 정수로부터 유리수를 구성하는 설명을 찾아내고 이해해 보라. 역시 인터넷에서 찾아낸 수학에 대해서는 주의해야 한다.

유리수가 있으면 실제 세상의 측정에 더 적합한 수체계를 갖게 된다. 이는 유리수의 다음 성질에 포착돼 있다.

정리 2.1. $r < s$인 두 유리수 r, s가 있으면, $r < t < s$인 유리수 t가 존재한다.

〔증명〕.

$$t = \frac{1}{2}(r+s)$$

라 놓자. $r < t < s$임은 분명하다. 그런데 $t \in \boldsymbol{Q}$일까? $r = \frac{m}{n}$, $s = \frac{p}{q}$인 $m, n, p, q \in \boldsymbol{Z}$에 대해

$$t = \frac{1}{2}\left(\frac{m}{n} + \frac{p}{q}\right) = \frac{mq+np}{2nq}$$

인데, $mq + np$, $2nq \in \boldsymbol{Z}$이므로 $t \in \boldsymbol{Q}$라고 결론지을 수 있다. □

서로 다른 두 유리수 사이에 또 다른 유리수가 존재한다는 위의 성질을 조밀성이라 부른다.

세상의 실용적인 측정이라는 점에서는 유리수는 조밀성 때문에 갖출 것은 다 갖췄다. 어떤 두 유리수 사이에는 다른 유리수가 있으므로, 서로 다른 두 유리수 사이에는 다른 유리수가 무한히 많다. 따라서 세상의 무엇이든, 정밀도가 얼마나 필요하든 유리수를 이용하여 측정할 수 있다.

하지만 수학을 하려면 실수가 필요하다. 고대 그리스인은 밑변과 높이가 모두 1인 직각삼각형의 빗변의 길이가 유리수가 아니라는 것을 발견하면서, 유리수로는 (이론적) '수학 측정'에 충분하지 않다는 것을 알게 됐다.(이 유명한 결과가 $\sqrt{2}$가 무리수라는 것으로, 이미 증명했다.) 이는 직각삼각형을 이용하여 작업해야

하는 건축공학자나 목수에게는 문제가 안 되지만, 수학 자체에는 중요한 장애물이다.

위에서 정의한 대로 유리수가 조밀하기는 하지만, 그럼에도 불구하고 유리수직선에는 '구멍'이 있다는 게 문제다. 예를 들어 다음처럼 놓자.

$$A = \{x \in \mathbf{Q} \mid x \le 0 \vee x^2 < 2\}$$
$$B = \{x \in \mathbf{Q} \mid x > 0 \wedge x^2 \ge 2\}$$

그러면 A의 모든 원소는 B의 모든 원소보다 작으며,

$$A \cup B = \mathbf{Q}$$

다. 하지만 A는 최대 원소가 없으며, B도 최소 원소가 없다는 걸 쉽게 확인할 수 있으므로, A와 B 사이에 일종의 구멍이 나 있어야 한다. 물론 이 구멍이 $\sqrt{2}$가 있을 자리다. 유리수가 설사 측정하는 데는 충분할지라도, $\mathbf{Q}$에 이런 종류의 구멍이 나 있다는 사실은 수학적 목적에는 적절하지 못하다. 사실 다음 방정식

$$x^2 - 2 = 0$$

이 해를 갖지 못하는 수체계로는 그다지 발달된 수학을 떠받치지 못한다.

유리수직선처럼 조밀하게 채워 넣은 직선에 구멍이 있다는 것

은 이상해 보이지만, 마침내 그런 구멍을 어떻게 채워 넣을지 알아냈을 때는 훨씬 이상해졌다. 이런 구멍을 메우는 수를 무리수라 부른다. 유리수와 무리수를 함께 모으면 실수라 부르는 수 체계가 구성된다. 유리수직선에서 구멍을 메우면, 사실 노렸던 것보다 훨씬 많은 수를 얻는다는 게 알려졌다. 두 유리수 사이에 무한 개의 유리수가 있을 뿐만 아니라, 이들 사이에 있는 유리수에 비해 '무한히 많은'(정확한 의미가 있다.) 무리수가 존재한다. 실수직선에서 무리수가 훨씬 지배적이어서 실수 하나를 무작위로 고르면, 그 수가 무리수일 수학적 확률은 1이다.

유리수로부터 엄밀한 방식으로 실수를 구성하는 방법은 여러 가지가 있는데, 이 모두가 우리의 현재 범위를 넘는다. 하지만 직관적인 수준에서는 십진 전개를 무한까지 허용하자는 것이 아이디어다. 무한히 반복되는 십진 전개인 경우, 이런 표현은 유리수를 준다. 예를 들어 0.333…인 경우 1/3이며, 0.142857142857142857…인 경우에는 1/7이다. 하지만 반복되는 패턴이 없다면 결과는 무리수다. 예를 들어 $\sqrt{2}$는 1.41421356237309504880168872420969807…로 시작하며 반복되는 패턴이 없이 영원히 계속된다.

4.3 완비성

실수들이 유리수직선에서 무한소 구멍을 메우고, 어떻게 채워지는지를 정확히 구체화하는 간단한 성질을 형식화했다는 것이 실수 체계를 구성하여 나온 가장 가치 있는 결과 중 하나다. 이를 **완비성**이라 부른다. 설명에 앞서 실직선을 순서 집합으로 보는 데 익숙해질 필요가 있다.

실수집합 $\boldsymbol{R}$의 부분집합 중 어떤 꼴은 너무 자주 등장하기 때문에 특별한 기호를 도입하는 것이 좋다.

구간이라는 것은 실직선에서 끊기지 않은 부분을 뜻한다. 많은 종류의 구간이 있기 때문에 상당히 다양한 표준 기호가 있다.

$a, b \in \boldsymbol{R}$, $a < b$라 하자. **열린구간** (a, b)는 다음 집합을 말한다.

$$(a, b) = \{x \in \boldsymbol{R} \mid a < x < b\}$$

닫힌구간 $[a, b]$는 다음 집합을 말한다.

$$[a, b] = \{x \in \boldsymbol{R} \mid a \leq x \leq b\}$$

여기서 주목해야 할 점은 a와 b 모두 (a, b)의 원소가 아니지만, 둘 다 $[a, b]$의 원소라는 것이다.(이렇게 뻔해 보이는 차이가 초등 실해석학에서 대단히 중요한 것으로 밝혀진다.) 따라서 (a, b)는 실직선에서 a를 '막 지난' 곳에서 시작하여 b보다 '바로 앞'에서 끝나도록 뻗은 구간이며, $[a, b]$는 a에서 시작하여 b에서 끝나는 구간이다.

위의 정의는 명백한 방식으로 확장할 수 있다.

$$[a, b) = \{x \in R \mid a \leq x < b\}$$

는 왼쪽은 닫히고, 오른쪽은 열린 구간이며

$$(a, b] = \{x \in R \mid a < x \leq b\}$$

는 왼쪽은 열리고, 오른쪽은 닫힌 구간이다.

$[a, b)$와 $(a, b]$ 모두 반만 열린 (혹은 반만 닫힌) 구간이라 부른다.

마지막으로 다음처럼 정의한다.

$$(-\infty, a) = \{x \in R \mid x < a\}$$
$$(-\infty, a] = \{x \in R \mid x \leq a\}$$
$$(a, \infty) = \{x \in R \mid x > a\}$$
$$[a, \infty) = \{x \in R \mid x \geq a\}$$

기호 ∞는 꺽쇠 괄호와는 쌍을 이루지 않는다는 것에 주목하라. ∞는 유용한 기호일 뿐 수가 아니라는 점에서 오해를 부를 수 있기 때문이다. 위의 정의들은 다른 경우를 포함하는 편리한 기호로 확장하는 데 도움이 된다.

1. 구간 두 개의 교집합은 구간임을 증명하라. 합집합인 경우도 참인가?

2. R을 전체집합으로 보고, 다음을 가능한 한 간단하게 구간이나 구간들의 합집합으로 표현하라.(A'은 주어진 전체집합에 대해 집합 A의 여집합을 가리키는데, 현재 전체집합은 R이다. 부록을 보라.)
   (a) $[1, 3]'$
   (b) $(1, 7]'$
   (c) $(5, 8]'$
   (d) $(3, 7) \cup [6, 8]$
   (e) $(-\infty, 3)' \cup (6, \infty)$
   (f) $\{\pi\}'$
   (g) $(1, 4] \cap [4, 10]$
   (h) $(1, 2) \cap [2, 3)$
   (i) $A = (6, 8) \cap (7, 9]$일 때 A'
   (j) $A = (-\infty, 5] \cup (7, \infty)$일 때 A'

이제 현대 실수 체계가 유리수직선의 '구멍을 메운다'는 개념을 다루는 방식을 들여다볼 수 있게 됐다.

실수 집합 A가 주어질 때 $(\forall a \in A)[a \leq b]$인 b를 A의 상계라 부른다.

A의 임의의 상계 c에 대해 $b \leq c$라는 추가 성질을 갖는 상계 b를 A의 최소 상계라 부른다.

물론 정수의 집합이나 유리수의 집합에도 같은 정의를 할 수 있다.

A의 최소 상계를 보통 lub(A)라 쓴다.

실수 체계의 완비성은 공집합이 아닌 실수의 부분집합이 상계를 가지면, (R에서) 최소 상계를 갖는다는 성질을 말한다.

연습문제 4.3.2

---

1. 정수/유리수/실수의 집합 A가 상계를 갖는다면, 서로 다른 상계가 무수히 많음을 증명하라.

2. 정수/유리수/실수의 집합 A가 최소 상계를 갖는다면, 유일함을 증명하라.

3. A를 정수 혹은 유리수 혹은 실수의 집합이라 하자. b가 A의 최소 상계일 필요충분조건이 다음임을 증명하라.

   (a) $(\forall a \in A)(a \leq b)$ 및
   (b) $c < b$일 때마다 $a > c$인 $a \in A$가 존재한다

4. 위와 같은 특징짓기의 다음 변종도 자주 볼 수 있다. b가 A의 lub일 필요충분조건이 다음임을 증명하라.

   (a) $(\forall a \in A)(a \leq b)$ 및
   (b) $(\forall \epsilon > 0)(\exists a \in A)(a > b - \epsilon)$

5. 최소 상계가 없는 정수 집합의 예를 들어라.

6. 정수/유리수/실수의 유한집합은 최소 상계를 가짐을 보여라.

7. lub(a, b)는 무엇인가? lub$[a, b]$는 무엇인가? max(a, b)는 무엇인가? max$[a, b]$는 무엇인가?●

8. $A = \{|x - y| \mid x, y \in (a, b)\}$라 하자. A가 상계를 가짐을 증명하라. lub A는 무엇인가?

9. 정수/유리수/실수의 집합에서 하계의 개념을 정의하라.

10. 정수/유리수/실수의 집합에서 lub의 원래 정의와 비슷하게 최대 하계(glb)의 개념을 정의하라.

11. 최대 하계에 대해 연습문제 3과 유사한 명제를 진술하고 증명하라.

●max(A)는 A의 최댓값을 말한다—옮긴이.

12. 최대 하계에 대해 연습문제 4와 유사한 명제를 진술하고 증명하라.

13. 실수 체계에 대한 완비성을 '공집합이 아닌 실수의 부분집합이 하계를 가지면, ($\boldsymbol{R}$에서) 최대 하계를 갖는다는 성질'로 정의해도 동등하다는 것을 보여라.

14. 정수 집합은 완비성을 만족하지만, 이유는 자명하다. 어떤 이유인가?

정리 3.1. 유리수직선 $\boldsymbol{Q}$는 완비성을 갖지 않는다.

〔증명〕. 다음처럼 놓자.

$$A = \{r \in \boldsymbol{Q} \mid r \geq 0 \wedge r^2 < 2\}$$

A는 $\boldsymbol{Q}$에서 2를 상계로 갖는다. 하지만 이 집합은 A에서 최소 상계를 갖지 않는다는 것을 증명하면 된다. 직관적으로는 가능한 최소 상계는 $\sqrt{2}$여야 하는데, 이 수가 $\boldsymbol{Q}$에 존재하지 않는다는 걸 알지만, 이걸 엄밀하게 증명할 것이다.

$x \in \boldsymbol{Q}$를 A의 아무 상계라 하자. 이것보다 더 작은 상계가 ($\boldsymbol{Q}$ 안에) 있다는 것을 보일 것이다.

$x = p/q$인 $p, q \in N$을 잡자.

먼저 $x^2 < 2$라 가정하자. 그러면 $2q^2 > p^2$이다. 이제 n이 커질수록 식 $n^2/(2n+1)$은 한없이 증가하므로,

$$\frac{n^2}{2n+1} > \frac{p^2}{2q^2 - p^2}$$

이도록 $n \in N$을 고를 수 있다. 이 식을 정리하면

$$2n^2q^2 > (n+1)^2p^2$$

이다. 따라서

$$\left(\frac{n+1}{n}\right)^2 \frac{p^2}{q^2} < 2$$

이다.

$$y = \left(\frac{n+1}{n}\right)\frac{p}{q}$$

라 놓자. 그러면 $y^2 < 2$다. 이제 $(n+1)/n > 1$이므로 $x < y$다. 하지만 y는 유리수이면서, 방금 보았듯이 $y^2 < 2$다. 따라서 $y \in A$다. 이는 x가 A의 상계임에 모순이다.

따라서 $x^2 \geq 2$여야만 한다. 제곱해서 2인 유리수가 없으므로 이는 $x^2 > 2$를 의미한다. 따라서 $p^2 > 2q^2$이고,

$$\frac{n^2}{2n+1} > \frac{2q^2}{p^2-2q^2}$$

인 큰 $n \in N$을 고를 수 있는데, 정리하면

$$p^2n^2 > 2q^2(n+1)^2$$

이다. 즉

$$\frac{p^2}{q^2}\left(\frac{n+1}{n}\right)^2 > 2$$

이다.

$$y = \left(\frac{n}{n+1}\right)\frac{p}{q}$$

라 놓으면 $y^2 > 2$다. 이제 $n/(n+1) < 1$이므로 $y < x$다. 하지만 임의의 $a \in A$에 대해 $a^2 < 2 < y^2$이므로, $a < y$다. 따라서 증명하고 싶었던 대로 y는 A의 상계이면서 x보다 작다. □

연습문제 4.3.3

1. $A = \{r \in Q \mid r > 0 \wedge r^2 > 3\}$라 하자. A는 Q에서 하계를 갖지만, Q에서 최대 하계는 갖지 않음을 보여라. 정리 3.1을 따라가며

자세히 증명하여라.

2. 완비성과 더불어, 아르키메데스 성질이 R의 중요하고도 기본적인 성질의 하나다. 이는 $x, y \in R$이고 $x, y > 0$이면 $nx > y$인 $n \in N$이 존재함을 말한다. 아르키메데스 성질을 이용하여 $r, s \in R$이고 $r < s$이면 $r < q < s$인 $q \in Q$가 존재함을 보여라. (힌트: $n > 1/(s-r)$인 $n \in N$을 고르고, $r < (m/n) < s$인 $m \in N$을 찾아라.)

4.4 수열

자연수 n마다 실수 a_n을 할당한다고 하자. 이런 수 a_n을 첨자 n에 따라 늘어놓은 집합을 수열이라 부른다. 이 수열을 다음 기호로 나타낸다.

$$\{a_n\}_{n=1}^{\infty}$$

따라서 기호 $\{a_n\}_{n=1}^{\infty}$는 다음 수열을 나타낸다.

$$a_1, a_2, a_3, \cdots, a_n, \cdots$$

예를 들어 N 의 원소 자체는 보통 순서대로 할당하면

$$1, 2, 3, \cdots, n, \cdots$$

라는 수열을 이룬다. 이 수열은 $\{n\}_{n=1}^{\infty}$으로 표기할 수 있다.(모든 n에 대해 $a_n = n$이기 때문에)

혹은 N 의 원소의 순서를 다른 방식으로 주어

$$2, 1, 4, 3, 6, 5, 8, 7, \cdots$$

과 같은 수열을 얻을 수도 있다. 수열의 구성원이 나타나는 순서가 중요하기 때문에, 이 수열은 $\{n\}_{n=1}^{\infty}$과는 상당히 다른 수열이다. 혹은 중복을 허락하여 완전히 새로운 수열을 얻을 수도 있다.

$$1, 1, 2, 2, 3, 3, 4, 4, 4, 5, 6, 7, 8, 8, \cdots$$

수열과 관련한 멋있는 규칙이 있어야 할 필요는 없다. 교재에서 찾을 수 있는 구체적인 예는 물론 규칙이 있지만, a_n을 n을 써서 표현하는 식을 찾아내는 게 불가능할 수도 있다.

또한 상수 수열도 만들 수 있고,

$$\{\pi\}_{n=1}^{\infty} = \pi, \pi, \pi, \pi, \pi, \cdots, \pi, \cdots$$

부호가 번갈아 나오는 수열도 만들 수 있다.

$$\{(-1)^{n+1}\}_{n=1}^{\infty} = +1, -1, +1, -1, +1, -1, \cdots$$

요약하면, 수열 $\{a_n\}_{n=1}^{\infty}$의 원소가 실수라는 것 이외에는 아무 제약이 없다.

다소 특별한 성질을 갖는 수열들이 있다. 수열을 따라가면, 수열의 숫자들이 어떤 고정된 수에 임의로 가까워지는 수열이 있다. 예를 들어 다음 수열

$$\left\{\frac{1}{n}\right\}_{n=1}^{\infty} = 1, \frac{1}{2}, \frac{1}{3}, \frac{1}{4}, \cdots, \frac{1}{n}, \cdots$$

은 n이 커질수록 0에 한없이 가까워지며, 수열

$$\left\{1+\frac{1}{2^n}\right\}_{n=1}^{\infty} = 1\frac{1}{2}, 1\frac{1}{4}, 1\frac{1}{8}, 1\frac{1}{16}, \cdots$$

은 1로 한없이 가까워진다. n번째 항에 대해 일반적인 규칙을 줄 수 없기 때문에 다른 것만큼 좋은 예는 아니지만, 다음 수열

$$3, 3.1, 3.14, 3.141, 3.1415, 3.14159, 3.141592, 3.1415926, \cdots$$

의 원소들도 한없이 π로 가까워진다.

수열 $\{a_n\}_{n=1}^{\infty}$의 원소가 이런 방식으로 어떤 고정된 수 a에 한없이 다가갈 때, 수열 $\{a_n\}_{n=1}^{\infty}$이 극한값 a로 수렴한다고 말하고,

$$n \to \infty \text{일 때 } a_n \to a$$

라 쓴다. 흔한 다른 표기법으로는 다음이 있다.

$$\lim_{n \to \infty} a_n = a$$

지금까지는 모두 직관적인 수준이었다. '$n \to \infty$일 때 $a_n \to a$'라고 쓰는 것이 무슨 의미인지 정확한 정의를 얻을 수 있나 보자. a_n이 a로 한없이 가까워진다는 말을 하려면 차이 $|a_n - a|$가 한없이 0으로 가까워진다는 것을 말해야 한다. 이는 ϵ이 양의 실수이면 차 $|a_n - a|$가 결국에는 ϵ보다 작아진다는 것과 같다. 이로부터 다음과 같은 공식적인 정의가 나온다.

$n \to \infty$일 때 $a_n \to a$일 필요충분조건은

$$(\forall \epsilon > 0)(\exists n \in N)(\forall m \geq n)(|a_m - a| < \epsilon)$$

이다.

꽤 복잡해 보인다. 분석해 보자. 먼저

$$(\exists n \in N)(\forall m \geq n)(|a_m - a| < \epsilon)$$

부분을 생각하자. 이는 n보다 크거나 같은 모든 m에 대해 a_m과

a의 차가 ϵ보다 작아지게 하는 어떤 n을 찾을 수 있다는 얘기다. 다른 말로 하면, 수열 $\{a_n\}_{n=1}^{\infty}$에서 a_n 이후의 모든 항이 a와의 거리가 ϵ 내에 있게 하는 n이 존재한다는 것이다. 이를 수열 $\{a_n\}_{n=1}^{\infty}$의 용어를 써서, 이 수열이 궁극적으로 a로부터의 거리가 ϵ 내에 있다고 간결하게 표현할 수 있다.

따라서 명제

$$(\forall \epsilon > 0)(\exists n \in N)(\forall m \geq n)(|a_m - a| < \epsilon)$$

는 모든 $\epsilon > 0$에 대해 수열 $\{a_n\}_{n=1}^{\infty}$의 원소가 궁극적으로 a로부터의 거리가 ϵ 내에 있다는 말이다. 바로 이것이 직관적인 개념 'a_n이 한없이 a로 가까워진다'는 것의 형식적인 정의이다.

수치적인 예를 들자. 수열 $\{1/n\}_{n=1}^{\infty}$을 생각하자. 직관적 수준에서는 $n \to \infty$일 때 $1/n \to 0$임을 안다. 이제 이 수열에 대해 형식적 정의가 어떻게 통하는지 보이겠다.

$$(\forall \epsilon > 0)(\exists n \in N)(\forall m \geq n)\left(\left|\frac{1}{m} - 0\right| < \epsilon\right)$$

을 증명해야 한다. 다음처럼 순식간에 간단히 만들 수 있다.

$$(\forall \epsilon > 0)(\exists n \in N)(\forall m \geq n)\left(\frac{1}{m} < \epsilon\right)$$

이 명제가 참이라고 주장하는 것을 증명하기 위해 $\epsilon > 0$을 임의로 잡자.

$$m \geq n \Rightarrow \frac{1}{m} < \epsilon$$

인 n을 찾아야 한다.

$n > 1/\epsilon$이도록 큰 n을 고르자.(여기서 연습문제 4.3에서 논했던 아르키메데스 성질을 이용한다.) 이제 $m \geq n$이면

$$\frac{1}{m} \leq \frac{1}{n} < \epsilon$$

이다. 다른 말로 하면

$$(\forall m \geq n)\left(\frac{1}{m} < \epsilon\right)$$

이므로 원하던 사실이다.

여기서 주목해야 할 한 가지는 우리가 고른 n은 ϵ의 값에 의존한다는 것이다. ϵ이 작으면 작을수록 n은 더 커야 한다.

수열 $\{n/(n+1)\}_{n=1}^{\infty}$, 즉

$$\frac{1}{2}, \frac{2}{3}, \frac{3}{4}, \frac{4}{5}, \dots$$

를 또 다른 예로 잡자.

$n \to \infty$일 때, $n/(n+1) \to 1$을 증명하겠다. $\epsilon > 0$이 주어졌다고 하자. 모든 $m \geq n$에 대해

$$\left|\frac{m}{m+1}-1\right|<\epsilon$$

이게 하는 $n \in N$을 찾아야 한다. $n > 1/\epsilon$이도록 큰 n을 고르자. 그러면 $m \geq n$일 때 원하는 다음 결과를 얻는다.

$$\left|\frac{m}{m+1}-1\right|=\left|\frac{-1}{m+1}\right|=\frac{1}{m+1}<\frac{1}{m}\leq\frac{1}{n}<\epsilon$$

연습문제 4.4.1

---

1. $n \to \infty$일 때 $a_n \not\to a$가 무슨 의미인지 기호와 말로 각각 형식화하라.

2. $n \to \infty$일 때 $(n/(n+1))^2 \to 1$을 증명하라.

3. $n \to \infty$일 때 $1/n^2 \to 0$을 증명하라.

4. $n \to \infty$일 때 $1/2^n \to 0$을 증명하라.

5. n이 커질수록 a_n이 한없이 커지면 수열 $\{a_n\}_{n=1}^{\infty}$이 무한히 커진다고 말한다. 예를 들어 수열 $\{n\}_{n=1}^{\infty}$은 무한히 커지고 수열 $\{2^n\}_{n=1}^{\infty}$도 마찬가지다. 이런 개념을 정확한 정의로 형식화하고,

그 정의를 이 두 가지 예가 만족한다는 것을 증명하라.

6. 수열 $\{a_n\}_{n=1}^{\infty}$이 증가수열이라 하자. 즉 모든 n에 대해 $a_n < a_{n+1}$이다. $n \to \infty$일 때 $a_n \to a$라 하자. $a = \text{lub}\{a_1, a_2, a_3, \cdots\}_{n=1}^{\infty}$임을 증명하라.

7. 수열 $\{a_n\}_{n=1}^{\infty}$이 증가하며, 상계가 존재할 때 어떤 극한값으로 한없이 다가감을 증명하라.

부록.
집합론

이 책의 독자 대부분은 기본적인 집합론을 충분히 배웠을 것이다. 이 짧은 부록에서는 필요한 것을 요약했다.

집합의 개념은 극도로 기본적이며, 오늘날의 수학적 사고 전체에 퍼져 있다. 잘 정의된 대상의 모음은 모두 집합이다. 예를 들어 다음과 같은 것들이다.

- 내 수업을 듣는 학생들의 집합
- 모든 소수의 집합
- 당신만이 구성원인 집합

어떤 집합을 결정하기 위해서는 그 모음을 구체화하는 방법만 있으면 된다.(사실 옳은 말은 아니다. 추상적 집합론이라 부르는 수학 과목에서는 결정하는 성질이 없는 임의의 모음도 허용한다.)

A가 집합이라면, 모음 A 내의 대상은 A의 구성원 혹은 원소라 부른다. x가 A의 원소라는 것을

$$x \in A$$

라고 표기한다.

수학에서 자주 나오는 집합에는 이들을 위한 표준 기호를 채택하는 것이 편하다.

N : 모든 자연수의 집합(즉, 1, 2, 3, 등등의 집합)
Z : 모든 정수의 집합 (0과 양의 정수, 음의 정수)
Q : 모든 유리수의 집합 (분수)
R : 모든 실수의 집합

따라서 예를 들어

$$x \in R$$

은 x가 실수임을 의미한다. 또한

$$(x \in Q) \wedge (x > 0)$$

는 x가 양의 유리수임을 의미한다.

집합을 구체화하는 방법은 여러 가지다. 원소의 수가 많지 않으면 나열할 수 있다. 이 경우 원소의 목록을 중괄호로 감싸서 표기하는데, 예를 들어

$$\{1, 2, 3, 4, 5\}$$

는 자연수 1, 2, 3, 4, 5로 이루어진 집합을 가리킨다. '줄임표'를 써서 이런 표기법을 임의의 유한집합으로 확장할 수 있다.

예를 들어

$$\{1, 2, 3, \cdots, n\}$$

은 처음 n개의 자연수로 이루어진 집합을 가리킨다. 또한

$$\{2, 3, 5, 7, 11, 13, 17, \cdots, 53\}$$

은 (적절한 맥락에서) 53까지의 모든 소수의 집합을 가리키는 데 사용할 수 있다.

무한집합도 어떤 것은 줄임표를 써서 (다만 이때 줄임표에는 끝이 없다.) 나타낼 수 있다. 예를 들어

$$\{2, 4, 6, 8, \cdots, 2n, \cdots\}$$

은 짝수 자연수 전체의 집합을 가리킨다. 마찬가지로

$$\{\cdots, -8, -6, -4, -2, 0, 2, 4, 6, 8, \cdots\}$$

는 모든 짝수의 집합을 가리킨다.

하지만 일반적으로는 적은 개수의 원소를 갖는 유한집합을 제외하면 그 집합을 정의하는 성질을 써서 묘사하는 것이 가장 좋다. $A(x)$가 어떤 성질일 때, $A(x)$를 만족하는 모든 x의 집합을

$$\{x \mid A(x)\}$$

로 표기한다. 만일 x를 어떤 집합 X의 원소로 한정하고 싶으면,

$$\{x \in X \mid A(x)\}$$

로 쓰기도 한다. 이를 'X에서 $A(x)$인 모든 x의 집합'이라 읽는다. 예를 들어 다음이 성립한다.

$$N = \{x \in \mathrm{Z} \mid x > 0\}$$
$$Q = \{x \in R \mid (\exists m \in Z)(\exists n \in Z)[(m > 0) \wedge (mx = n)]\}$$
$$\{\sqrt{2}, -\sqrt{2}\} = \{x \in R \mid x^2 = 2\}$$
$$\{1, 2, 3\} = \{x \in N \mid x < 4\}$$

두 집합 A, B가 완전히 똑같은 원소로 이루어져 있으면, 같다 혹은 상등이라고 부르며 $A = B$라고 쓴다. 위의 예가 보여 주듯,

두 집합이 같다는 것은 정의가 같다는 것이 아니다. 같은 집합을 묘사하는 방법은 많다. 상등성의 정의는 집합이란 대상의 모음일 뿐이라는 사실을 반영하는 측면이 있다.

만일 두 집합 A와 B가 같다는 것을 증명하려면, 보통 증명을 두 부분으로 쪼갠다.

(a) A의 모든 원소가 B의 원소임을 보인다.
(b) B의 모든 원소가 A의 원소임을 보인다.

(a)와 (b) 둘을 함께 모으면, 명백히 $A=B$를 의미한다. ((a)와 (b)의 증명 모두 보통은 '임의의 원소를 취하자' 부류다. 예를 들어 (a)를 증명하기 위해서는 $(\forall x \in A)(x \in B)$를 증명해야만 하므로, A의 임의의 원소 x를 택하고 x가 B의 원소여야만 하는 것을 보인다.)

우리가 도입한 집합 기호를 명백한 방식으로 확장할 수 있다. 예를 들어,

$$\boldsymbol{Q} = \{m/n \mid m, n \in \boldsymbol{Z}, n \neq 0\}$$

처럼 쓸 수 있다.

수학에서는 원소가 없는 집합인 **공집합** 혹은 **빈집합**을 도입하는 것이 편리하다. 그런 집합이 둘이면 똑같은 원소를 가져야 하므로 (정의상) 같기 때문에, 당연히 공집합은 하나밖에 없다. 공집합은 스칸디나비아 문자 Ø으로 (그리스 문자 ϕ와 다르다는 것에 주목하라.) 표기한다. 공집합도 많은 방식으로 구체화할 수 있다.

$$\emptyset = \{x \in R \mid x^2 < 0\}$$
$$\emptyset = \{x \in N \mid 1 < x < 2\}$$
$$\emptyset = \{x \mid x \neq x\}$$

$\emptyset$과 $\{\emptyset\}$는 전혀 다른 집합임에 주목하자. $\emptyset$은 공집합이다. 원소가 '없다'. $\{\emptyset\}$는 원소가 '한 개'인 집합이다. 따라서

$$\emptyset \neq \{\emptyset\}$$

이다. 여기서 성립하는 것은

$$\emptyset \in \{\emptyset\}$$

이다. ($\{\emptyset\}$의 유일한 원소가 공집합이라는 사실은 아무 상관이 없다. $\{\emptyset\}$은 원소를 갖지만, $\emptyset$은 원소를 갖지 않는다.)

어떤 집합 A가 집합 B의 부분집합이라는 것은 A의 모든 원소가 B의 원소일 때를 말한다. 예를 들어, $\{1, 2\}$는 $\{1, 2, 3\}$의 부분집합이다. A가 B의 부분집합을 뜻할 때

$$A \subseteq B$$

라 쓴다. A와 B가 같지 않다는 것을 강조하고 싶으면

$$A \subset B$$

라 쓰고, A를 B의 진부분집합이라 말한다.(이런 용법은 R 위의 순서 $\leq$와 $<$의 관계와 비교할 수 있다.)

두 집합 A, B에 대해 다음은 명백하다.

$A = B$일 필요충분조건은 $(A \subseteq B) \wedge (B \subseteq A)$인 것이다.

연습문제 부록 1

1. 잘 알려진 집합 중 다음과 같은 집합은 무엇인가?

$$\{n \in N \mid (n > 1) \wedge (\forall x \in N)(\forall y \in N)[(xy = n) \Rightarrow (x = 1 \vee y = 1)]\}$$

2. 두 집합

$$A = \{x \in R \mid \sin(x) = 0\},\ B = \{n\pi \mid n \in Z\}$$

사이의 관계는 무엇인가?

3. 다음 집합

$$A = \{x \in R \mid (x > 0) \wedge (x^2 = 3)\}$$

에 대해 더 간단한 정의를 제시하라.

4. 임의의 집합 A에 대해 다음을 증명하라.

$$\emptyset \subseteq A \text{ 및 } A \subseteq A$$

5. $A \subseteq B$ 및 $B \subseteq C$이면 $A \subseteq C$임을 증명하라.

6. $\{1, 2, 3, 4\}$의 모든 부분집합을 나열하라.

7. $\{1, 2, 3, \{1, 2\}\}$의 모든 부분집합을 나열하라.

8. 식 $\forall x[S(x) \Rightarrow T(x)]$를 만족하는 S, T에 대해, $A = \{x \mid S(x)\}$, $B = \{x \mid T(x)\}$라 하자. $A \subseteq B$를 증명하라.

9. (귀납법을 이용하여) n개의 원소를 갖는 집합은 정확히 $2n$개의 부분집합을 갖는다는 것을 증명하라.

10. 다음 집합

$$A = \{o, t, f, s, e, n\}$$

에 대해 다른 정의를 하나 제시하라.(힌트: 이 집합은 N과 관련돼 있지만, 전혀 수학적이지 않다.)•

집합들 위에 수행할 수 있는 다양하고 자연스러운 연산이 있다.(대강 정수에 대한 덧셈, 곱셈, 부호 바꾸기에 대응한다.) 주어진 두 집합 A, B에 대해 A 또는 B의 원소를 구성원으로 하는 집합을 만들 수 있다. 이 집합을 A와 B의 합집합이라 하고

$$A \cup B$$

라 쓴다. 이 집합의 형식적 정의는 다음과 같다.

$$A \cup B = \{x \mid (x \in A) \vee (x \in B)\}$$

(여기에서 단어 '또는'이 '포괄적 또는'으로 사용하기로 한 우리의 결정과 일치하는 것에 주목하라.)

두 집합 A, B에 대해 A와 B가 공통으로 갖는 원소 전체의 집합을 A와 B의 교집합이라 하고

$$A \cap B$$

•영어를 알아야 대답할 수 있는 넌센스 문제다. 우리말로 번역을 하자면 $A = \{$ㅇ, ㅅ, ㅊ, ㅍ, ㄱ$\}$ 정도다. 간혹 $A = \{$ㅇ, ㅅ, ㄹ, ㅊ, ㅍ, ㄱ$\}$이라고 주장할 수도 있다—옮긴이.

라 쓰고, 형식적인 정의는 다음과 같다.

$$A \cap B = \{x \mid (x \in A) \wedge (x \in B)\}$$

두 집합 A, B가 공통 원소를 전혀 갖지 않으면, 즉 $A \cap B = \emptyset$이면 서로 소인 집합이라 부른다.

부호 바꾸기와 유사한 집합론적 대상을 정의하려면 전체 집합의 개념이 필요하다. 집합을 여러 개 다룰 경우, 모두 같은 종류의 원소로 이루어져 있는 게 보통이다. 예를 들어 수론에서는 자연수의 집합이나 유리수의 집합에 초점을 맞추기 쉽고, 실해석학에서는 보통 실수의 집합에 초점을 맞춘다. 어떤 논의에서 전체 집합이란 그냥 고려 중인 대상 전체의 집합을 가리킨다. 보통 한정사가 움직이는 정의역인 경우가 잦다.

일단 전체 집합을 고정하면, 집합 A의 여집합의 개념을 도입할 수 있다. 전체 집합 U에 대해, 집합 A의 여집합은 A에 들어 있지 않은 U의 원소를 모두 모은 집합이다. 이 집합을 A'으로 표기하고, 형식적인 정의는 다음과 같다.

$$A' = \{x \in U \mid x \notin A\}$$

〔$\neg(x \in A)$ 대신 간략하게 $x \notin A$라 썼음에 주목하라.〕

예를 들어 자연수 집합 N이 전체 집합이고, E가 모든 (자연수 중) 짝수의 집합이라 하면, E'은 모든 (자연수 중) 홀수의 집합이다.

다음 정리는 방금 논의한 세 가지 집합 연산에 대한 기본적인 사실을 모은 것이다.

정리. A, B, C가 전체 집합 U의 부분집합이라 하자.

(1) $A \cup (B \cup C) = (A \cup B) \cup C$

(2) $A \cap (B \cap C) = (A \cap B) \cap C$

((1)과 (2)는 결합법칙이다.)

(3) $A \cup B = B \cup A$

(4) $A \cap B = B \cap A$

((3)과 (4)는 교환법칙이다.)

(5) $A \cup (B \cap C) = (A \cup B) \cap (A \cup C)$

(6) $A \cap (B \cup C) = (A \cap B) \cup (A \cap C)$

((5)와 (6)은 배분법칙이다.)

(7) $(A \cup B)' = A' \cap B'$

(8) $(A \cap B)' = A' \cup B'$

((7)과 (8)은 드모르간(De Morgan) 법칙이라 부른다.)

(9) $A \cup A' = U$

(10) $A \cap A' = \emptyset$

((9)와 (10)은 상보법칙이라 부른다.)

(11) $(A')' = A$ (자기 역원 법칙)

〔증명〕. 연습문제로 남긴다.

1. 위의 정리를 모두 증명하라.

2. 벤(Venn) 다이어그램에 대한 자료를 찾아서 위의 정리를 설명하고 이해하는 데 사용하라.

수학적으로 생각하는 법

2015년 6월 25일 초판 1쇄 발행

지은이 키스 데블린
옮긴이 정경훈

펴낸이 이상영
교정, 교열 임인기
디자인 이기준, 박지호

펴낸 곳 · 참나무를꿈꾸다
등록번호 · 제395-2011-000080호
등록일자 · 2011년 5월 4일
전화 · 011-270-2621
이메일 · oaklike@naver.com

유통하는 곳 · (주)지형
전화 · 02-333-3953
팩시밀리 · 02-333-3954

ISBN · 979-11-95242-01-6 03410
가격 · 1만 3,000원